如何提升个人执行力

杨红书 ◎ 编著

北京工业大学出版社

图书在版编目（CIP）数据

如何提升个人执行力 / 杨红书编著 . —北京：北京工业大学出版社, 2012.7

ISBN 978-7-5639-3141-5

Ⅰ.①如… Ⅱ.①杨… Ⅲ.①成功心理—通俗读物 Ⅳ.① B848.4-49

中国版本图书馆 CIP 数据核字（2012）第 113917 号

如何提升个人执行力

编　　著：杨红书
责任编辑：李　华
封面设计：尚世视觉
出版发行：北京工业大学出版社
　　　　　（北京市朝阳区平乐园 100 号　100124）
　　　　　010-67391722（传真）bgdcbs@sina.com
出 版 人：郝　勇
经销单位：全国各地新华书店
承印单位：三河市元兴印务有限公司
开　　本：787 mm×1092 mm　1/16
印　　张：17
字　　数：194 千字
版　　次：2012 年 7 月第 1 版
印　　次：2021 年 1 月第 2 次印刷
标准书号：ISBN 978-7-5639-3141-5
定　　价：32.00 元

版权所有　翻印必究
（如发现印装质量问题，请寄本社发行部调换 010-67391106）

前　　言

执行力就是把想法变成行动，用行动得到结果的能力，是事业成功的必要条件。个人执行力的强弱取决于两个要素——个人能力和工作态度，能力是基础，态度是关键。所以，我们要提升个人执行力，一方面是要通过加强学习和实践锻炼来增强自身素质，另一方面，也是更重要的一面，即要端正工作态度。本书从"严"、"实"、"快"、"新"四个方面入手，帮助你树立积极正确的工作态度，从而有效提升你的执行力。

要想提升个人执行力，一要着眼于"严"，积极进取，增强责任意识；二要着眼于"实"，脚踏实地，树立实干作风；三要着眼于"快"，只争朝夕，提升办事效率；四要着眼于"新"，思维创新，突破思维定式。总之，提升个人执行力不是一朝一夕之事，但只要你按"严"、"实"、"快"、"新"的四字要求用心去做，就一定会成功！

目 录

严：积极进取，勇于担当 …………………………………… 1

执行力就是竞争力 ………………………………… 1
让自己成为执行高手 ……………………………… 3
打造领袖角色的执行力 …………………………… 5
培养积极进取精神 ………………………………… 10
个人执行力源于责任感 …………………………… 13
任何时候都要对工作负责 ………………………… 15
对团队负责就是对自己负责 ……………………… 19
用自制力管理自己的执行 ………………………… 21
自动自发、真正有效的执行力 …………………… 30
想想自己能为单位做什么 ………………………… 31
忠诚是最大的责任 ………………………………… 34
感恩是一堂人生必修课 …………………………… 38
不要怕承担责任而不敢做 ………………………… 41
负责是要用生命去做的事 ………………………… 45
明确责任才会更好地承担责任 …………………… 48
把工作标准调整到最高 …………………………… 50
调整出最佳的情绪状态 …………………………… 53
把自我要求调整到最严 …………………………… 57
坚决克服得过且过的心态 ………………………… 58

养成认真负责的良好习惯……………………………… 62
养成追求卓越的良好习惯……………………………… 65

实：脚踏实地，埋头苦干……………………………… 76

服从是执行的基石……………………………………… 76
"执行"二字高于一切…………………………………… 79
执行，不找任何借口…………………………………… 83
勤奋工作，首先利于自己……………………………… 85
机遇最钟情勤奋工作的人……………………………… 88
团队精神与个人发展…………………………………… 91
消除分内分外的界限…………………………………… 94
停止抱怨，想想怎样执行……………………………… 97
指责别人的人最该受到谴责…………………………… 101
承认错误是勇担责任的开始…………………………… 104
执行力需要从小事做起………………………………… 107
把每一个细节做精做细………………………………… 109
诚信决定执行力………………………………………… 112
拿不准的事，问好再做………………………………… 114
不要在一件事上犯同样的错误………………………… 116
第一次做事想好再做…………………………………… 119
管好自己的工作………………………………………… 121
管好自己的下属………………………………………… 124
流程管事的内容和方法………………………………… 127
培养较强的抗压能力…………………………………… 133
提升执行力贵在求真务实……………………………… 138
脚踏实地是提高执行力的重要品质…………………… 139
做一个为目标而埋头苦干的人………………………… 141

快：只争朝夕，提升效率 ………………………………… 144

- 强化观念，管好时间 ………………………………… 144
- 正确对待工作的态度 ………………………………… 150
- 让自己即刻行动起来 ………………………………… 153
- 怎样提高工作效率 …………………………………… 156
- 分析判断，快速应变 ………………………………… 163
- 告别慵懒，加快节奏 ………………………………… 166
- 抓住时机，立即行动 ………………………………… 167
- 提高执行力，用心去做事 …………………………… 169
- 让执行变得有效和轻松 ……………………………… 173
- 把简单的事情做得不简单 …………………………… 178
- 杜绝执行任务时被动应付 …………………………… 181
- 超越优秀，成为卓越者 ……………………………… 187
- 事前准备等于把时间提前 …………………………… 189
- 再急的事也要沟通协调好 …………………………… 191
- 快速治理办公室混乱局面 …………………………… 194
- 利用科技改善工作流程 ……………………………… 195
- 八种良好的工作习惯 ………………………………… 197
- 养成雷厉风行的工作作风 …………………………… 199

新：创新思维，突破定式 ………………………………… 202

- 开发思维资源，提升执行力 ………………………… 202
- 创新思维和提高执行力相结合 ……………………… 204
- 改变人生从转换思维开始 …………………………… 206
- 思路就是这样转换的 ………………………………… 209
- 创新就是敢为天下先 ………………………………… 212

善于思考才能解决问题 …………………………………… 215
独立思考有助于创新 ……………………………………… 219
创新思维的与众不同法则 ………………………………… 223
将整体目标分解的执行技巧 ……………………………… 226
敢于突破固有的思维定式 ………………………………… 229
拓宽思路才能有新点子 …………………………………… 236
提取和甄别信息的方法 …………………………………… 241
用逆向思考解决疑难问题 ………………………………… 243
用发散思维另辟蹊径 ……………………………………… 247
大胆激发创造性联想 ……………………………………… 255
挖掘潜能，激发灵感 ……………………………………… 257
勤于学习，善于思考 ……………………………………… 259

严：积极进取，勇于担当

要提高执行力，就必须树立起强烈的责任意识和进取精神，坚决克服不思进取、得过且过的心态。把工作标准调整到最高，精神状态调整到最佳，自我要求调整到最严，认认真真、尽心尽力、不折不扣地履行自己的职责。绝不消极应付、敷衍塞责、推卸责任。养成认真负责、追求卓越的良好习惯。

执行力就是竞争力

戴尔公司总裁迈克尔·戴尔说："执行力就是在每一阶段、每一环节都力求完美、切实执行。"核心竞争力就是所谓的执行力。没有执行力，就没有核心竞争力。关于核心竞争力，他认为要注意两个问题：第一，什么是核心竞争力；第二，你的核心竞争力靠什么来保障？答案都是执行力。所以，在组织里，无论是高层、中层还是基层，如果每一个人都能保质保量地完成自己的任务，就不会出现执行力不强的问题；如果组织成员能像迈克尔·戴尔所讲的，在每一个环节和每一个阶段都做到一丝不苟，就不会出现推诿、扯皮现象。

如果员工都对企业领导的指令听而不闻、不去执行，领导者的所有指令都会变成一纸空文、一场空谈，而员工自己也将为执行不力付出代价。

执行是否有力是事关企业生死的大事，因为一个企业即使有再

好的战略，再详细的规划，如果不能将这些战略规划执行到底，那么所有的战略规划永远也不可能成为现实。强生公司总裁表示："如果不能被付诸实施的话，再周密的计划也一钱不值。"

国内曾经有一家企业因为经营不善导致破产，后来被德国一家大企业收购。刚开始公司所有的人都在翘首盼望德方能带来什么先进的管理办法。然而出乎意料的是，德方只派了几个人来。制度没变，人没变，机器设备没变。德方就提了一个要求：把先前制定的制度坚定不移地执行下去。结果不到一年，企业就扭亏为盈了。

德国企业的绝招是什么？就是执行力。可见战略与计划固然重要，但只有执行力才能使战略与计划体现出实质的价值，只有执行力才能将战略与计划落到实处，并进行有效的整合。如果失去执行力，组织和个人也就失去了竞争力，同时也失去了长久生存和成功的必要条件。

现代企业都清醒地认识到执行的重要性，纷纷致力于执行力的建设，包括领导者和管理者自身执行力的建设，以及企业员工执行力的提升。其中，员工的执行力是企业执行力的基础。没有基层员工对企业的各项规章制度和上级工作安排的执行，所有的书面规划和口头指令都将是天方夜谭。

事实证明，凡是发展得又快又好的世界级企业，都是执行到位的企业。全世界做网络设备最大的思科公司，拥有行业垄断技术，然而其总裁在谈到公司成功的主要原因时，竟然认为成功不在于技术，而在于执行力。比尔·盖茨就曾坦言："微软在未来十年内，所面临的挑战就是执行力。"由此可见，执行力在世界级公司的领导者眼中有多么重要。

当然，我们不可否认许多组织的成功离不开其战略的创新或经营模式的新颖，但如果其执行力不强，也一定会被模仿者追上，因为它们和竞争者的差距就在于执行力的强弱。

事实上，员工执行力的高低不仅会影响企业的发展，同样也会影响员工自己的发展。事实上，只有做到坚定不移地服从命令，尽职尽责地执行任务的员工才能得到领导者的认可。而那些只会怀疑领导的命令，却从不尽力执行命令的员工，在公司领导心目中肯定是可有可无的人。

从某种意义上讲，组织是一个执行的团队。每一个员工的执行力，将决定着组织的成员是否能形成一个好的团队，是否是一个执行力强的团队。所以，我们必须提升每一个员工的执行力，从而提升组织的核心竞争力。

让自己成为执行高手

个人执行力包含了战略分解力、时间规划力、标准设定力、岗位行动力、过程控制力与结果评估力。这六种"力"实际上是六种职业执行技能，个人执行力就是这六种力的合力。

战略分解力，是指管理者将全局性的长远规划分解，制定一套明确的远期、中期、近期目标，根据目标制订相应的长、短期计划，并分解到每个人，以确保战略规划得以更好地落实；时间规划力，是指管理者加强对时间与日程的管理，学会授权与任务管理等；标准设定力，是指管理者必须把任务的完成标准、时间都明确了，同时在下属执行的过程中进行检查和协助等。

企业管理者更应该大力关注这三种执行能力，当然也不能忽视后三种执行能力。

岗位行动力,是指及时完成所在岗位规定完成的工作任务,绝不拖延;过程控制力,是指工作过程中的及时跟进,确保每个人切实完成自己的任务;结果评估力,是指工作告一段落后,判断工作结果是否达到既定目标要求。

普通员工更应该注重后三种执行技能。只要注重这些执行技能的不断提升,相信我们每一个人都会成为执行高手。

要想提高个人执行力还应该注意以下四点。

一、良好的计划能力

良好的计划能力,是提高个人执行力的有效保障。正如一句古话所说"凡事预则立,不预则废"。因此,是否有一个好的计划是提高个人执行力的关键所在。直接把任务简单地抛给下属,或下属盲目行动,都于有效执行不利。管理者必须明确任务的完成标准、时间,并在下属执行的过程中进行检查和协助。作为员工,应该努力遵循上级的工作分配与要求,制订好相应的工作计划,在全力以赴落实工作的同时,主动汇报工作进度,并配合上级的工作调整,只有这样才能保障计划的有效执行。

二、具备一定的内在素质

提高个人执行力还要求具备一定的内在素质。这种素质包括:对企业忠诚有信、对工作高度热情、坚决服从上级安排、团队合作精神、优质高效地完成任务的能力等。这些素质是提高个人执行力的必要因素,大大影响个人执行力的发挥。

三、掌握一定的科学工作方法和管理工具

提升个人执行力还需要掌握一定的科学工作方法和管理工具。一方面，我们要养成良好的工作方式与习惯，学会科学地授权与任务管理，加强对时间与日程的管理，制定一套明确的远期、中期、近期目标，再根据目标制订相应的长、短期计划，并分解到每个人。另一方面，在下达任务前还需要有清晰的岗位划分和岗位责任、明确的任务说明、具体的工作目标、充分的条件和对任务的责任。这些科学的工作方法和管理工具，都有助于我们更好地完成任务。

四、加强个人在团队中的影响力

提升个人执行力还需要加强个人在团队中的影响力。工作中往往需要人与人之间的相互协作，一个人在团队中的影响力越大，就越能得到他人的支持与配合，这对提高执行力是非常重要的。要想提高自己在团队中的影响力，就必须以良好的人际关系与沟通技巧做基础，在日常工作中大力配合同事的工作，以礼待人，提高自己在同事心目中的地位。具备高度执行力的人，是集高能力与高素质于一身的人，这样的人必将受到企业和老板的高度重视。

打造领袖角色的执行力

执行力是领袖人物影响组织和企业最终目标达成的重要因素。为了实现组织的目标，必须反思领袖的角色定位——领袖不仅仅制定策略，还应当具备相当的执行力。策略与执行力对于组织的成功缺一不可。同时也要认识到策略是组织发展的指南，根据策略来制订执行方案：一方面，领袖制定策略时应考虑这是不是一个能够得

到彻底执行的策略；另一方面，领袖需要用策略的眼光诠释执行。好的策略应与执行力相匹配。否则，再完美的策略也会死在没有执行力的领袖手中。提高领导的执行力，需要做到以下几方面。

一、自动自发地执行

最好的执行者，都是自动自发的人，他们确信自己有能力完成任务。这样的人的个人价值和自尊是发自内心的，而不是来自他人。也就是说，他们不是凭一时冲动做事，也不是只为了长官的称赞，而是自动自发地、不断地追求完美。

一位心理学家在研究过程中，为了实地了解人们对于同一件事情在心理上所反映出来的个体差异，来到一所在建的大教堂，对现场忙碌的敲石工人进行访问。

心理学家问他遇到的三个工人，请问他们在做什么。

第一位工人没好气地回答："在做什么？你没看到吗？我正在用这个重得要命的铁锤，来敲碎这些该死的石头。我的手酸麻不已，这真不是人干的工作。"

第二位工人无奈地答道："为了每天50美元的工资，我才会做这件工作，若不是为了一家人的温饱，谁愿意干这份敲石头的粗活？"

第三位工人在回答时，眼光中闪烁着喜悦的神采，说："我正参与兴建这座雄伟华丽的大教堂。落成之后，这里可以容纳许多人来礼拜。虽然敲石头的工作并不轻松，但当我想到，将来会有无数的人来到这儿，再次接受上帝的爱，心中便常为这份工作献上感恩。"

同样的工作，同样的环境，却有如此截然不同的感受。在第三位工人的身上，你看不到丝毫抱怨和不耐烦的痕迹，相反，你会感觉到他是具有高度责任感和创造力的人，他充分享受着工作的乐趣和荣誉，他的个人价值和自尊是发自内心的，而不是来自他人。

耶鲁大学就反复地在学生头脑中灌输这样的观念，希望能让学生学会自我奖励、自我肯定。从耶鲁大学走出去的每一位学员，也会把这种观念带到他所在的组织中去，只有让组织中的每一位成员都有这样自动自发的念头，执行力才能在组织中更好地维持下去。

作为领袖，要确实了解组织及成员，不能与现实脱节。因为领袖常常是靠着部属所提供的资料在做研判，而这些资料常会受限于提供者的理解与判断，让领袖无法得知真相，所以聪明的领袖会设法寻求信息管道的多元性，同时正视现实，不会只想听好消息或掩饰错误，这种务实的态度，是执行力的先决条件。

二、制订并追踪计划

作为领袖，执行任何任务都要制订计划，把各项任务按照轻、重、缓、急列出计划表，一一分配给部属来承担，自己看头看尾即可。把眼光放在部门未来的发展上，不断理清明天、后天、下周、下月甚至明年的计划。

在计划的实施及检讨时，要预先掌握关键性问题，不能因琐碎的工作，而影响了应该做的重要工作。要清楚这一点：做好20%的重要工作，等于创造80%的业绩。因此要用80%的时间解决20%重要的工作，用20%的时间来处理琐事，我们应依这个原则来安排自己的日程。同时给下属安排工作要有明确的时间表，要有开始时间、完成时间以及阶段性进度。否则世界上永远都有完不成的任务。

领袖必须追踪计划的执行，并对做出成绩的员工论功行赏，让绩效与报酬的正比关系凸显出来。同时，领袖也要建立经验传承的企业文化，优秀的领袖更会利用机会来激励员工，会透过强力的对话，

让大家公开、坦诚，建立共识与承诺，共同为结果负担责任。

三、提出解决方案

作为领袖，在安排或布置工作时，只提出任务或问题是不够的，还需要提出解决方案。解决方案可视工作或问题的性质、难易程度等由上司提出、由执行者自行提出或相关人员一起研讨提出。有歧义或自己想当然地认为下属已理解，后果是严重的。作为下属在做任何一件事之前，一定要先弄清楚上司希望你怎么做，然后以此为目标来把握做事的方向。这一点很重要，千万不要一知半解就开始埋头苦干，到头来力没少出，活没少干，但结果事倍功半，甚至前功尽弃。要清楚悟透一件事，胜过草率做十件事，并且会事半功倍。所以，下属在行动之前一定要确认上司是不是这个意思；作为领袖也要确认，下属理解的是不是这么回事。得到确认之后再去执行会减少很多偏差。

四、做出承诺

作为领袖，首先要了解下属是否明确目标（任务或问题）与进度要求；其次是能否完成任务并做出承诺或回馈。这种承诺可以是肯定的，也可以是否定的。如果执行者给出的承诺是肯定的，那么执行者一定要兑现承诺，即使问题发生变化也应采取有效措施补救；如果是否定的应说明原因，提出建议或条件（增加资源、增加权力、提供协助与技术支持等），领袖权衡之后再给予满足或调整方案。

五、有效指挥

无论计划如何周到，如果不能有效地执行，仍然无法产生预期的效果,为了使部属有共同的方向可以执行制订的计划,领袖适当的指挥是有必要的。指挥部属,首先要考虑工作分配,要检测部属与工作的对应关系;也要考虑指挥的方式,语气不好或目标不明确,都是不好的指挥。好的指挥可以激发部属的意愿,而且能够提升其责任感与使命感。同时在执行的过程中,及时地协调,这包括内部上下级、部门与部门之间的共识协调,也包括与外部客户、关系单位、竞争对手之间的利益协调。任何一方协调不好都会影响执行计划的完成。最好的协调关系就是实现共赢。协调的目的就是营造一个和谐沟通、协作、配合的工作氛围。

六、有效控制

控制是必须的,控制就是追踪考核,确保目标达到、计划落实。虽然控制会令人不舒服,然而组织经营有其现实的一面,有些事情不及时控制,就会给组织造成不必要的损失。但是,控制若是操之过急或控制力度不足,同样会产生反作用:控制过严会使部属口服心不服,控制不力会使工作纪律难以维持。最理想的控制,就是让部属通过目标管理方式实现自我控制。这些领袖必须了然于胸。

最后,领袖与执行者及相关协作人员都必须强化三种意识:计划意识(执行计划)——进度意识(效率意识、进度控制与补救措施)——结果意识(效果达成意识)。不要不做计划与相关准备就实施行动而使整个部门工作混乱;面对进度失控应及时补救调整,否则一个小问题就变成大问题;好的结果要总结经验与表扬执行者,坏的结果要及时纠正、要总结教训、要追究责任,不能让其成为习惯为他人效仿,而使问题不断复制与蔓延。

培养积极进取精神

积极进取是一种人生态度,更是一种做事方法。积极进取主要强调每个人对自我的正确认识、对周边环境的正确对待、对人生道路的信心和希望。

跨国公司员工的第一个良好习惯是积极进取。这些企业的员工之所以养成积极进取的习惯,是因为他们处在国际市场的激烈竞争中,稍有懈怠就有可能被淘汰。

在动物界有这样一件有意思的事情:在美丽的非洲大草原上,生活着羚羊和狮子。羚羊每天一早醒来,就在思考,如何跑得更快一些,才能不被狮子吃掉;同样,狮子每天一早醒来,也在思考如何能比跑得最慢的羚羊更快一些,才不会饿死。羚羊和狮子的故事告诉我们,工作、生活就是这样,不论你是羚羊还是狮子,每当太阳升起的时候,就要毫不迟疑地迎着朝阳向前奔跑!

昨天不等于今天,过去不等于未来。生活在美丽非洲草原的羚羊和狮子,两者相比之下,弱者是羚羊。为了生存别无选择,只有面对现实、勇于挑战、用心挑战,才能超越自我、战胜对手、不断进步,才能在美丽的非洲大草原上天长地久。

自然界对任何一种动物都是公平的,公平竞争,共同发展。社会对每一个人也是公平的,竞争合作,共创共享。强者生存,弱者淘汰是竞争的不二法则。不管你今天处在强者的位置还是弱者的地位,都要像羚羊和狮子一样,当崭新的一天开始的时候,在自己的岗位想方设法让自己进步,做到由弱者变强者,强者更强。只有这样,才能在激烈的市场竞争中,创造优秀的业绩;在激烈的岗位竞争中,立于不败之地。

在实际生活与工作中,还有很多人,稍微取得一点成绩就忘乎所以,不知道自己姓什么排老几了,开始倚老卖老,在工作上不思进取了。这些人完全忘记了自己当初为这份工作而付出了许多不眠之夜,等到他们失去工作时才悔恨自己没有积极进取。所以,我们每一个人都要积极进取,充分地将自己的才能发挥出来。

闻名世界的科学家牛顿,一生诲人不倦。有一次,他安排给助手一个问题,需要在很短的时间里解决。过了很长一段时间后,牛顿向助手要答案,助手一脸茫然地说道:"对不起,牛顿先生,这问题对我来说太难了,根本无法解决。"牛顿感到非常生气,他想:"事情已经交给你很长时间了,即使问题再难也应该找到办法解决了。"助手解释道:"我想,除了你没人能解决这个问题。"牛顿生气了:"你根本就没有去找人,也没有去想办法,你又怎么知道没人能够解决呢?我告诉你,这个问题除了你,其他所有人都能够解决。"最后,牛顿对他的助手说:"你这是没有积极进取的意识,怎么能一遇到问题就偃旗息鼓呢?你应该充分发挥你的才能,直到将问题解决为止。"

我们很多人,在工作中一遇到麻烦就偃旗息鼓,这确实是缺乏进取意识。其实,一个人的潜力是无限的,只要你愿意发挥,积极进取。

凯斯小时候因家境贫寒,没有读多少书,而是直接进工厂当了一名车工。可是,对一个不满十五岁的小孩子来说,当车工并非一件简单的事情。刚开始的时候,他一窍不通,但是他很勤奋,从来不错过任何学习的机会。逐渐地,凯斯成了一名技术娴熟的车工。可是,凯斯却不满足于当前的状况。他逐渐对生产机器产生了兴趣,并发现了其中的诸多不足。他决定通过自己的努力改变这些不足。

经过数十年如一日的艰苦奋斗,凯斯不但成为一名非常有名的工程师,还成了拥有多项发明的科学家。而凯斯在自我评价时却说:"我天生条件很差,知识比较缺乏,我取得的成绩完全是靠自己的积极进取。但是,这至少也能说明我具有发明创造这方面的潜能。我通过积极的创造,将这些才能淋漓尽致地发挥出来了。"

任何一家公司都需要永远积极进取的员工,因为公司永远需要发展。我们或许能从下面这样一个员工的身上看到积极进取的巨大力量。

小杨是一家公司的业务员,在她接到裁员通知的那一刻,心好似被铁锤猛击了一下,整个人呆住了。在公司的洗手间里躲了半天,她的情绪才慢慢平静下来。

在公司的这几年,小杨一直踏踏实实、勤勤恳恳,本职工作做得非常好,同事们也喜欢这个手脚勤快、笑容甜甜的女孩子。

近几个月,公司的业务一直不景气,裁人在所难免。在本科生成堆的业务部里,中专毕业的小杨首当其冲。不过,被裁人员一个月后才会正式离岗。

第二天上班,小杨依然笑容甜甜,同事们的眼神中却多了几分同情,语气中也多了几分客气。本来小杨做的事情,总有人主动揽过去,不用说,大家有点可怜倒霉的小杨。

一大早,有人在复印厚厚的一本技术资料。"还是我来吧。"小杨走到复印机前,拿起厚厚一沓资料。同事转过身,看到的是一张平静而诚恳的面容。同事犹豫了一下,离开了复印机。一整天里,小杨仍像往常一样,有条不紊地忙碌着,打印资料、翻译文件、收发传真、转接电话……渐渐的,同事们似乎忘记了小杨的遭遇,他们又像往常一样找小杨,有的说:"帮我发份传真。"有的说:"快帮我查份资料。"有的说："我出去一下，有人找，就帮我招呼一声。"小杨连声答应着，把一件一件事情办好。

一个月很快就过去了，最后一天，小杨收到一份通知，公司老总亲笔写下一句话："像小杨这样的员工，我们公司永不嫌多。"

如果你是老板，你也不会辞掉像小杨这样积极进取的员工。如果现在你不是老板，那你就应该做一个积极进取的员工，应该在工作中永远积极进取，因为只有这样，才会有收获。

个人执行力源于责任感

微软董事长比尔·盖茨曾对他的员工说："人可以不伟大，但不可以没有责任心。"比尔·盖茨说这句话，是建立在他对执行力重要性认知的基础上的。因为一个人只有具有高度的责任感，才能在执行中勇于负责，在每一个环节中力求完美，按质、按量地完成计划或任务。所以微软非常重视对员工责任感的培养，责任感也成为微软招聘员工的重要标准。正是基于这种做法，成就了微软一流的执行力，打造出了声名显赫、富可敌国的微软商业帝国。

无论你在什么样的公司工作，又从事着怎样的工作，你不妨扪心自问："我有责任感吗？"接下来回顾正在进行的工作以及已经做过的工作，你是否执行不找借口？是否自动自发、尽善尽美地完成工作？是否为了团队的利益而甘愿牺牲个人利益？是否面对失误勇于承担起自己的责任？有些人可能会情不自禁地脸红。

一项计划执行不力，很大程度上是参与人员缺乏责任感造成的。这些人责任意识淡薄，做一天和尚撞一天钟——得过且过，甚至接受任务后，只要上司不查核，就不了了之。他们对"责任"这两个

字很陌生，甚至没头脑地想：责任关我什么事？

实际上，责任不是想扔掉就可以扔掉的，它不是一件衣服，穿破了或者看着不顺眼了，随手就可以扔到垃圾桶里。一个人生存在社会上，就对社会负有责任，就对家庭负有责任，当然，更对工作负有责任。可以说，责任与生命同在。一旦你接受执行某项任务，你就对这项任务负有不可推卸的责任，它就像血液一样融入你的身体里，即使你不想承担，也无法把它与你分开。如果你假装视而不见，那你的工作肯定一塌糊涂，它也肯定会成为整项计划执行的绊脚石。你的下场必然会遭到同事的蔑视、老板的唾弃，并最终被淘汰出局。如果不抓紧树立起勇于负责的职业精神，无论你到了哪个公司，都不会得到老板的赏识，自然不会有好的发展，永远与成功无缘。

有的人缺乏责任感，是因为这样一种思想在作祟："负责是有权力的人的事情，我只是一个小兵，责任与我何干？"这种观点是大错特错、极为害人的。不同的职位有不同的职责，从来就没有一种职位不需要负责，即使职位再渺小、工作再平凡，也伴有不可推卸的责任。

有一位年轻护士，第一次担任手术室责任护士。伤口就要开始缝合了，她对外科大夫说："大夫，你只取出了11块纱布，可我们用了12块。"

"我已经都取出来了，"外科大夫断言说，"我们现在就开始缝合伤口。"

"不行！"年轻护士阻止说，"我们用了12块。"

"由我负责好了，"大夫严厉地说，"缝合！"

年轻护士激烈地抗议说："你不能这样做，我们要为病人负责！"

大夫微微一笑，举起他的手让年轻护士看了看第12块纱布，然后称赞说:"你是一位合格的护士。"显然,他是在考验年轻护士是否具备强烈的责任感。

责任不会因为职位渺小而变得无足轻重,更不会因为受到权力的干扰而躲藏起来。责任面前,人人平等。只要是你的责任,你就要勇敢地承担。在执行的过程中,你是否像年轻护士那样勇担责任,还是借坡下驴,把本该你承担的责任推卸给别人,而不管造成多么严重的后果?只有像年轻护士那样勇于负责,一项战略或计划才可能得到切实执行,并取得好的绩效。一旦抛弃了责任,即使再好的战略,也会因为执行不力而夭折,或者造成不可收拾的局面。

任何时候都要对工作负责

翻阅历史,那些事业有成的人士,无不具有勇于负责的品质。阿尔伯特·哈伯德为此曾说:"所有成功者的标志都是他们对自己所说的和所做的一切负全部责任。"

你听说过华盛顿和樱桃树的故事吗?华盛顿小时候,有一天突发奇想把自家院子里的一棵樱桃树砍掉了。这棵樱桃树是他父亲花大价钱从英国买回来的,他父亲得知樱桃树被砍掉之后大发雷霆,声称要严厉查处砍树的人。家里人都噤若寒蝉,这时华盛顿坦然地站出来,承认树是他砍的。家里人都以为华盛顿要不可避免地受到严惩了,谁知老华盛顿见儿子如此负责,不但没有处罚他,反而激动地将他抱起来,由衷地赞扬说:"你的行动远远超过了一千棵樱桃树!"果然,华盛顿长大后,一直以强烈的责任感来约束和激励自己,成为一位道德高尚的人,为美国独立作出了巨大的贡献,并成为美国第一任总统。

要想事业有成，就要像华盛顿那样，树立勇于负责的职业精神。勇于负责，会让你表现出卓越的执行力，在工作中崭露头角，做出优异的成绩，这样自然比别人更能获得加薪和晋升的机会。勇于负责，会让你敢于承担更大的责任，积极主动地为公司发展出力流汗、建言献策，这样自然会得到老板的重用，将你培养成公司的顶梁柱。勇于负责，会让你的人格变得高尚，赢得同事的尊敬和老板的赏识。这些都是在向你未来的成功和辉煌积极地迈进。

一社会学家说："放弃了自己对社会的责任，就意味着放弃了自身在这个社会中更好地生存的机会。"同样，如果你放弃了自己对工作的责任，就意味着放弃了在公司里更好发展的机会。没有责任感的人，任何一个公司都会弃若敝屣，即使侥幸留在公司里，也永远不会获得成功。

任何一个公司里，几乎都有这样的员工，他们对工作负责是分时间和地点的。在上班时间，在公司里，甚至在上司的监控之下，他们表现得很有责任感，能够认真地执行任务。但是当上司不在眼前，他们就藏奸耍滑，甚至偷偷跑出去办私事；一到下班时间，立即忙着收拾东西，就连还有几分钟就能完成的工作也拖到第二天；当离开公司后，什么工作责任感，立即抛到了九霄云外，即使碰到与工作或者与公司有关的事情，也拂袖而去。

你有这样的行为吗？你认为这是负责的表现吗？显然，这种员工身上的责任意识是很淡薄的，他们的行为称不上负责。真正的负责不需要上司的监控，他们是为工作而工作，而不是为上司而工作，无论上司在不在身边，他们都一样埋头认真工作；真正的负责并不只在上班时间和公司里，任何时间、任何地点，只要与工作和与公司有关，就应该主动承担起自己的责任！

有三个人到一家建筑公司应聘，经过一轮又一轮的考试，最后他们从众多的求职者当中脱颖而出。公司的人力资源部经理对他们说了一句"恭喜你们"，然后将他们带到了一处工地。工地上有三堆散落的红砖，乱七八糟地摆放着。人力资源部经理告诉他们，每人负责一堆，将红砖整齐地码成一个方垛，然后他在三个人疑惑的目光中离开了工地。甲对乙说："我们不是已经被录用了吗？为什么将我们带到这里？"乙对丙说："我可不是应聘这样的职位，经理是不是搞错了？"丙说："不要问为什么了，既然让我们做，我们就做吧。"然后带头干起来。甲和乙同时看了看丙，只好跟着干起来。还没完成一半，甲和乙明显放慢了速度，甲说："经理已经离开了，我们歇会儿吧。"乙跟着停下来，丙却一直保持着同样的节奏。

　　人力资源部经理回来的时候，丙只有十几块砖就全部码齐了，而甲和乙只完成了三分之一的工作量。经理对他们说："下班时间到了，下午接着干。"甲和乙如释重负地扔掉了手中的砖，而丙却坚持将最后的十几块砖码齐。

　　回到公司，人力资源部经理郑重地对他们说："这次公司只聘任一位设计师，获得这一职位的是丙。甲和乙为什么落聘，你们想想在工地上的表现就知道答案了。作为最后一次考试的监考官，我在远处看得清清楚楚呢。"

　　甲和乙落聘的原因，自然是他们缺乏对工作的责任感，接到任务后不能立即投入执行，看到经理不在身边就开始藏奸耍滑。而丙却表现出了强烈的工作责任感，虽然对经理的安排感到疑惑（一般人都会感到疑惑），但还是马上执行任务，而且在整个过程中，表现始终如一，特别是最后没有因下班时间到了就结束工作，而是坚持将任务完成。丙表现出来的正是一种任何时候都对工作高度负责的

精神，这样的员工是每个公司都热切希望得到的。

这个故事还表明：对工作高度负责，表现出来的就是一流的执行力。其实，公司对考核的任务是事先计划好的，每堆砖的数量，如果不停地码放，到下班时间恰好剩十几块砖。这时表现出来的正是责任感对执行的影响，具有强烈责任感的人，会加一把劲将任务完成，缺乏责任感的人，会中断执行，将任务拖延下去。

现在市场竞争日趋激烈，一项任务在执行的过程中，可能时间会很紧迫，需要你不能计较时间和地点，坚定地执行下去。试想，当一项任务需要加班时，你能对老板说"对不起，我已经下班了"吗？当老板安排你到社会上做一项调查，你就能心安理得地藏奸耍滑，甚至假公济私吗？而对工作高度负责的员工，是不需要老板安排或者上司叮嘱的，他们会自觉加班加点，抢在对手前面将计划完成，即使在上下班的路上，在家里休息时，都在考虑怎样尽善尽美地完成工作。

任何时候都对工作负责，那才是真正的负责。一个人具备了这种高度负责的精神，就没有什么任务执行不下去，就没有什么工作不能尽善尽美地完成。一个公司形成了这种高度负责的企业文化，就没有什么战略执行不下去，就不可能实现不了好的绩效。

20世纪90年代，我国一个代表团到韩国洽谈商务。代表团车队的先导车由于开得较快，为了等后边的车辆，暂停在了高速公路的临时停车带。不一会儿，一辆"现代"跑车靠了过来。驾车的是一对年轻的韩国夫妇，他们问代表团的同志车辆出了什么问题，是否需要他们帮忙。原来，这对夫妇是现代汽车集团的职员，而代表团的先导车恰好是现代汽车集团生产的。

读完这个故事，你有什么感想？这对韩国夫妇开着跑车，也许是去度假,也许是去参加朋友的派对,显然是在非工作时间,而且上司并不在现场,仅仅因为停靠的车辆是他们公司生产的,就对一个与他们的工作职责并没有直接联系的问题给予必要的关注,表现出来的是一种怎样的责任感?显然,他们已经把与公司有关的任何问题都当成了自己的个人责任!

关注一下自己以及身边的同事,你们是否具有和这对韩国夫妇一样的责任感?还是存在不小的差距?这时你可能会发现,很多人存在这样的思想:我那样做,有什么回报吗?老板不在现场,做了他也看不见,那不是白做吗?还有,那不是浪费我的时间和精力,甚至耽误自己的事情吗?如果一个人被这样的思想束缚,他永远不可能像韩国夫妇那样去负责。

真正的负责是不以个人功利为目的的。在执行一项任务之前,如果你首先想到的是自己的个人利益会得到怎样的回报,就很难保证你的执行不会扭曲和变形,就很难保证如期达到目标。因为一个人的私心杂念难免会影响到工作时的心态。只有摒弃了私心杂念,把整个身心投入到工作中去,才会发挥出全部的能力和智慧,才会尽善尽美地完成任务。

对团队负责就是对自己负责

一项战略计划最终是要靠公司这样一个团队来实现的,而不是仅仅靠一两个人的力量。作为相对具体、更加清晰的运营计划,更是要分解到各个部门,甚至是每一个人来执行完成的。公司的每一位员工,既是一个相对独立的个体,执行计划时必须对自己的工作负责,又是公司团队的一员,至少属于由几个人组成的项目团队,

又应该对团队负责。然而,有的员工认为,要照顾团队的利益,自己的工作就要受到影响,也就是说,要对团队负责,就不能对自己负责。在这种思想的支配下,执行任务时各行其是,拒绝协作,眼看着同事需要帮助,却置之不理,当同事求助时,又装出一副爱莫能助的样子。这种思想蔓延到一个部门,就是各自为政,为了部门利益而不惜推诿、扯皮,甚至牵制对方,使得执行本来行驶在一条宽阔的大道上,结果硬是挤到了一条羊肠小道上,甚至逼到了悬崖边上。

你听说过"海归派"职业经理人"水土不服"的故事吗?浙江称得上是我国民营企业最为发达的地方。为了提高组织执行力,这几年许多有一定规模的民营企业开始寻找职业经理人,一些曾在美国通用电气公司工作过的经理人就顺应潮流加入了这些民营企业。结果如何呢?他们中的很多人不到半年就离开了。原因很多,但其中一个普遍达成共识的原因是,企业组织成员的团队精神太差,无法形成有效的组织执行力。

有一个离开的职业经理人事后深有感触地说:"你简直无法想象那里的部门协调性是多么差,每个人都是站在自己的立场去考虑问题,习惯了 GE 的各部门为同一个目标共同努力的环境,我在那里实在是无法忍受。"

由此可见,那些所谓的对自己负责恰恰成为执行的绊脚石,他们认为只要自己把工作做好就行了,甚至把自己当做英雄,仅靠自己的能力就能决定一个项目的命运,所以认识不到自己的工作是团队工作的一部分,我行我素,从不肯对团队负责,主动站在团队的角度想想自己的工作应该怎样做,从而影响了团队的执行力,每个人出力不小,却成效甚微。这正如两个人拉车,都使出了浑身的力气,但是方向恰好相反，车又怎么会前行呢？

比尔·盖茨也认为："在社会上做事情，如果只是单枪匹马地战斗，不靠集体或团队的力量，是不可能获得真正成功的。这毕竟是一个竞争的时代，如果我们懂得用大家的能力和知识的汇合来面对任何一项工作，我们将无往不胜。"

来自微软的声音道破了团队精神对于执行的重要意义，这是他们的实践总结出的经验，也是公司迅猛发展的保证。它昭示了团队精神的精髓就是组织成员为了一个共同的目标而彼此协作，无私奉献。员工只有具有这种精神才能对团队负责，才会心往一处想，劲往一处使，从而形成强大的执行力，使各项决策得到贯彻落实，实现目标。

实际上，对团队负责和对自己负责并不矛盾。一个人只有对团队负责，才能保证自己的工作与团队的工作方向不相违背，才不会为了个人利益而扯团队的后腿，才不会白做无用功，费力不少却对公司没一点用处。如果你完成一项工作后，对于公司整个计划起不到促进作用，甚至因为你而影响到组织执行力的发挥，那你称得上是对自己的工作负责吗？显然不是，应该是失职，严重了就是渎职。所以，对团队负责就是对自己负责，两者是相辅相成的关系。

用自制力管理自己的执行

执行力有一个十分重要的方面，即管理者自己的执行能力，这就是自制力。提高自制力，就是加强执行力。什么是自制力？从字面解释，自制力就是控制自己的能力，是指能够完全自觉地、有意识地控制自己的情绪，支配自己行动的能力，是意志的重要品质，

是情商的重要因素。

　　一个人的行动是受外力监督的,在外力的监督下,人不得不去做的事情,这不算是有自制力,因为这不是自觉的。我们讨论的是没有明显外力影响而完全靠自己掌控行动的这种能力,这才是真正的自制力。自制力的构成是一个矛盾体,矛盾的一方是感情,另一方是理智。如果任凭感情支配自己的行动,那便使自己成为感情的奴隶,是缺乏自制力的表现。

　　自制力表现在两个方面,一是善于迫使自己执行定下的决定;二是善于抑制与自己的目的相违背的愿望和行动,善于抑制无益的欲望和行为。也就是强迫自己做该做的事,甚至是自己不喜欢的事。比如你今天计划起早去跑步,是否能离开温暖的小窝义无反顾地下床呢?你曾决心不打车攒钱买房,能否坚持每天在寒夜冷风中等公车呢?你的一个美女同事对已婚的你有意,你是为了家庭的美满拒绝她,还是抵制不住诱惑而就范呢?你计划每天要背一定数量的单词,会否因为打球或打游戏而把任务拖到明天呢?这些都是在考验你的自制力。禁欲、慎独、忍耐、坐怀不乱、坚持不懈等,其实都属于自制力范畴。而"放纵自己"、"做自己高兴做的事"、"图痛快",追求"完全的自由,无拘无束"这些都是自制力差的表现。

　　自制力作为执行力的重要方面,更有着非同寻常的意义。我们先看两个例子:

　　成功学大师拿破仑·希尔曾对美国各监狱的16万名成年犯人作过一项调查,发现这些不幸的男女犯人之所以沦落到监狱中,有百分之九十的人是因为他缺乏必要的自制。自制力不强,不但给他人和社会带来了伤害,自己也受到惩罚,受到了法律制裁。

　　小张是某师范学院中文系的学生,自从买了电脑后,迷上了电脑游戏。由于长期缺少跟班里同学交流，感到融不进集体，因此越发迷上网络，以致整天不去上课，任课老师都不知道班里有这位学生。一学期下来，他的七门功课补考的有五门之多。根据"一个学期不得同时有三门课程补考，否则留级"的校规，他留级了，但已是追悔莫及。小张由于自制力差，导致了自己的学业失败。

上述这两个例子作为自制力差的表现，很典型。如果一个人自制力强，那么他便会将精力较集中地用于一点，这样的做事效率很高，自然能在完成一件事上取得成功；一件一件小事的成功，才会累积起大的成功。

那么，该怎么做才可以提高抵制诱惑的能力呢？

一、结果比较法

仿照那些成功人士的思维方式，让我们静下心来，花些时间分析一下：失败都是由因及果的，如果我们把心思专门用在学习和工作上，即抵制住诱惑，我们会获得什么结果；如果我们把心思用在别的方面，即抵制不住诱惑，我们会获得什么后果。这样我们可以列一个表，在表里我们填下现在忍耐吃苦的话，将来会获得什么快乐；现在就急于求乐的话，将来会承受什么痛苦。

例如：现在的小苦，它包括勤奋清苦地学习，错过一些好看的节目，放弃好玩的游戏，戒掉喜爱的篮球，每晚坚持长跑，把睡懒觉的时间用来锻炼身体，省下喝甜饮的钱买书，不跟同事聚在一起扯闲篇……将来的大苦，它包括住阴冷、狭小的房子，工作劳累却收入微薄，经过高级酒店的门口感到自卑，身体孱弱，无法和自己喜欢的人在一起，不敢奢言梦想，到老一事无成，后半生孤苦哀怨……现在的小乐，它包括打游戏获得短暂的快乐，看电影，博得女孩子

欢心，听音乐，扔下工作睡懒觉，寻刺激，花钱买奢侈品，闲聊天，不珍惜身体地熬夜、喝酒，在同学面前炫耀游戏技巧"挣面子"……将来的大乐，它包括有优越的工作，住豪华的别墅，开着好车去旅游，父母亲人跟自己享福，与真正喜欢的人幸福地生活，有健康身体和健美身材，有能力保护自己和亲人不受伤害，快乐地度过后半生。

我们按照自己的个人情况完成这个表格，打印出来，贴在自己起床就能看到的地方，每天早晚各读一遍。读的时候纵向比较，你会发现吃小苦求大乐是值得的；横向比较，你会发现现在的小苦小乐都是微不足道的。每个失败者在他老了以后，都会后悔没有吃那个小苦而得到那个大快乐，因为他们通过比较发现自己当初太傻了，而我们要做的是现在就比较。每天早晨或者晚上，看这个表格来强化自己的这种思考方式。每当自己将要失去自制的时候，就拿眼前的小快乐和失去的将来的大快乐相比，那眼前逃避的小痛苦和将来的大痛苦相比。久而久之就会像那些成功的人一样，能够在面对诱惑时聪明地思考，正确地取舍了。

二、强者刺激法

这种方法，需要你首先选定几个你认为已经很成功的人，比如比尔·盖茨、戴尔·卡耐基、松下幸之助、李嘉诚、李政道……总之是你崇拜的人，了解一下他们是怎么勤奋工作学习的，学他们是怎么经营自己的本领的。然后再来选定几个你熟悉的与你同一集体或同一行业的，并且已经取得令你们同类人羡慕的骄人成绩的"准成功者"，回顾或观察一下他们是怎么做的。

现在你已经有了两类人的行为样本，第一类是已经成功的——你有可能成为的人，第二类是比较强的同类——你有可能要去竞争的人。把他们的行为列出来，能帮助你衡量该做什么：第一类人做什么，你就要做什么，因为他们那么做才成功，你要成功也要那么做；第二类人做什么，你起码要比他们做得多，因为不超过他们你就不能成功。同样需要你把这些结果统计出来，写在纸上，挂在墙上，每天加强意识，刺激自己做正确的事。长此以往，当自己正在享乐或准备去享乐的时候，你就会想到那些人正在干什么，你也就可以自觉取舍了。

三、不与无所事事的人交往

道理不言而喻，那应该与什么人交往呢？多与成功的人交往或与比你强的竞争对手交往。这个效果比把他们的行动列在墙上更有效，因为与他们交往的同时，你相当于在看这些人做亲身示范，不但激励你自制，还能教你怎么自制。他们能让你学到好习惯，同时在他们面前想必你不会表现坏习惯；并且你会发现跟他们相处，你还能学到很多知识，掌握很多信息，会很快乐。一段时间之后，你的缺点改掉了，而优点多了很多，整个人也进步了。

事实证明，这些人不管聪明与否，没有学习成绩差的，道理使然。但我们也不该轻易放弃朋友，我们可以互相帮助，共同进步。这样不但帮助了朋友，加深了友谊，同时督促别人是对自己最好的督促。

四、行为惯性法

陈佩斯和朱时茂曾经表演的一个小品《警察与小偷》，讲的是一个小偷穿上警服冒充警察，他从小羡慕警察，所以假冒警察的时候像真的警察那样去助人为乐，结果最后竟忘了自己其实是个小偷，还帮警察把自己的同伙给抓了。

当我们持续做正确事情的时候，我们的心智会受到潜移默化的影响；假如我们经常做一些需要自制力的事情，我们的自制力会自然地随之提高。这个原理可以用到自制力的培养上。比如我们给自己划定一个比较容易拿得出的固定的时间，规定在这个固定的时间内，只能做哪些事情。例如每天晚上十一点（睡觉前），喝一杯牛奶，这是很容易做到的，因为这原本也是一件美事，但当你把它假想成一个美丽的任务去严格执行时，你的头脑会渐渐地变得愿意执行任务。而后把那个相对固定的时间表修改得更有难度一些，比如在那个目标持续一周以后，你开始给自己规定，每天晚上七点到七点半背单词，也会很好地执行。如此循序渐进，最终你会变得想到做到，能克服一切困难而彻底执行你的任何计划。但我们不该过于激进地把一天的大部分时间都用时间表框起来，那样的可操作性太差，反而会打击自制力。这是通过固定时间表利用行为惯性的方法。

我们还可以在我们的心态积极的时候（假如你有的话），多做几件需要自制力的事情，目的是让你适应克制自己欲望的那种感受。如同拳手训练防守时，肌肉经过击打后变得麻木一样，我们对欲望的忍耐会在这样的磨炼中得到加强，使得即使你处在并不是那么积极的心态时也能经受考验。这是在短时间内一次性地利用行为惯性的方法，你也可以自己发挥应用，但一定要注意可行性。

五、改掉一个坏习惯，养成一个好习惯

一个自制力不强的人会有很多抵制不了的诱惑，表现为很多不好的坏毛病，这时我们可以采用这个出自富兰克林的方法。富兰克林在他的《富兰克林自传》里提到了这种方法：他首先列出了最需要习得的13种美德，他认为要想习得这些美德，不可以立刻全面地

去尝试，而是在一个时期内（比如一周内）集中精力掌握其中的一种美德。当我们掌握了那种美德之后，接着开始注意另外一种，而在一定时期内，也要注意应用前一两种美德的学习成果，这样下去直到13种都掌握为止。

> 严：积极进取，勇于担当

因为先获得的一些美德可以便于其他美德的培养，所以他把13种美德按以下的顺序排列：

（1）节制。食不过饱，饮酒不醉。

（2）寡言。言必于人于己有益，避免无益的聊天。

（3）生活秩序。每样东西应有一定的安放地方，每件日常事务当有一定的时间去做。

（4）决心。当做必做，决心要做的事应坚持不懈。

（5）俭朴。用钱必须于人或于己有益，换言之，切戒浪费。

（6）勤勉。不浪费时间；每时每刻做有用的事，戒掉一切不必要的行动。

（7）诚恳。不欺骗人；思想要纯洁公正，说话也要如此。

（8）公正。不做损人利己的事，不要忘记履行对人有益又是你应尽的义务。

（9）适度。避免极端，人若给你应得的处罚，你当容忍之。

（10）清洁。身体、衣服和住所力求清洁。

（11）镇静。勿因小事或普通不可避免的事而惊慌失措。

（12）贞节。除了为了健康或生育后代起见，不常进行房事，切戒房事过度，伤害身体或损害你自己或他人的安宁或名誉。

（13）谦虚。仿效耶稣和苏格拉底。

富兰克林每日都检查自己的进步情况。他做了一个小册子，把每一种美德分配到一页，每一页用红墨水画成7列，也就是一周的

7天；然后他把每一页再画成13行，也就是13种美德。每天检查时，若发现关注的那两三项美德有过失，则在对应的空格画一个黑点。

它的最突出优点是简易。画点的方法比每天写总结容易得多，因而容易坚持长久；直观的表格，使得一周之后总结起来简单到只要估计一下点数。

我们也可以把我们认为最重要的美德列出来，再看看我们的坏习惯违反了哪一种美德，在我们有针对性地学习好习惯的同时，注意改掉那个坏习惯。但我建议你先列出最重要的不超过十种，一年内你能学习五遍，一年之后再去学那些相对来说不那么重要的以进一步完善自己，这也符合了抓住重点的方法论。

其实这样的方法，准确地说是一个监督和审视自己的方法，因为不知道自己是进步还是退步地去学习，绝难取得最好的成绩。而在执行这个方法的时候，我们需要其他提高自制力方法的支持，因为对于一个自制力不强的人，要在一周内坚持一种美德也并不容易。

六、遭遇诱惑时充分预测其危害

有句话叫"如果准备做失败了，就是在为失败做准备"，准备好迎接困难是准备中的重要一部分。我们前面说过，成功既包括人生的成功，也包括成功地做成一件不平凡的事情。不论哪种成功，都需要一些必备的品质，比如专注、勇敢、拼搏等。但在朝着这个目标去做的过程中，会有很多困难接踵而至。这些困难既包括外力的阻挠，也包括外力的诱惑，它们并不是很容易克服的。如果你在做事之初没有准备好，那么这样的突袭会很容易使你的意志溃不成军。所以在做每件事情之前，我们要充分预测可能遇到的阻碍和诱惑，并为之作好准备，想到应对的办法。

任何一个处于做事中的人，都知道做这件事是应该的，这时人们"趋乐避苦"的方法往往是给自己找个借口，我们封住了产生借口的可能，便是帮助自制力战胜诱惑。

七、遭遇诱惑时全局思考

通常当我们想去做一些不必要的事情寻求快乐的时候，为了让自己心安理得，我们会给自己找一些借口，这时我们应该做的是制止自己的借口。这些借口大部分都是过分强调即时性，实际上是有意识地过分夸大了那些看似紧急但毫无意义的事情。这时我们可以微笑着问自己："是不是借口？"然后我们从全局来考虑：我们是不是追求远大的目标，长久的快乐？我们的人生目标难道是看更多的精彩节目？这些即时的东西对我们有什么实质帮助？相比学习，如果去贪图眼前的小快乐，自己将会损失那个远处的大快乐，值不值？

有一种处理事务的方法是把事情分为四类：重要而紧急的，重要而不紧急的，不重要而紧急的，不重要不紧急的。我们要先做的是前两种，而不要被那些不重要但看似紧急的事情分散了注意力。

八、遭遇诱惑时自我暗示

成功学的核心就是意识和自制。为了提高自制，我们也可以运用意识，选择一个有利于自己的情境来自我暗示。比如当自己学了一会儿就感到静不下心时，闭上眼睛，调整呼吸，然后有意识地把自己学习一段时间后产生的厌倦情绪忘掉，暗示自己其实是刚刚学习，然后做出奋斗的表情开始继续学习。

总之，自制力是培养一切有利的意识与行动，消除不利的意识与行动的保障，是执行力极为重要的方面，培根说："一分克制，就

是十分力量。"可见自制力的力量。上面的这些方法均基于心理学的原理，又具有很强的可操作性，因而一定能帮助大家提高自制力，成为一个意志强悍的人。

自动自发、真正有效的执行力

执行力是决定组织成败的重要因素，也是构成组织核心竞争力的重要环节。没有执行力，再完美的战略与创意也只能是空谈。而具体执行力的强弱，又直接体现在每一个员工的执行效率上。很显然，只有自动自发的执行，才是有效的执行，才是真正的执行。

畅销书《致加西亚的信》一书中这样写道："我钦佩的是那些不论老板是否在办公室都会努力工作的人，这种人永远不会被解雇，也永远不会为了加薪而罢工。如果只有老板在身边时或别人注意时才有好的表现、卖力工作，这样的员工永远无法达到成功的顶峰。"

有些刚刚走上工作岗位的年轻人，面对自己从未接触过的工作，一时有些手足无措，每当领导交代工作任务时，总要问该怎么办。他们总是被动地应付工作，虽然他们遵守纪律、循规蹈矩，但是做事却缺乏热情、创造性和主动性，只是机械地完成任务。这样的工作态度最终会使他们失去对工作有效执行的态度。

一个推崇自动自发企业文化的团队，必定是一个拥有凝聚力、战斗力与竞争力的团队。当一项任务被自动自发地有效执行时，任务就会突然变得简单明了，而执行任务时的心情，也会快乐轻松。很显然，一个单位一旦形成这种自动自发执行的企业文化，就没有什么战略不能被有效执行，就没有什么业绩不能实现！

要提高个人的执行能力，必须解决好"想执行"和"会执行"

的问题，把执行变为自动自发的行动。有了自动自发的思想就可以帮助你扫平工作中一切挫折。在日常工作中，我们在执行某项任务时，总会遇到一些问题。而对待问题有两种选择，一种是要充分发挥主观能动性与责任心，不怕问题，想方设法解决问题，千方百计消灭问题，结果是圆满完成任务；一种是面对问题，一筹莫展，不思进取，结果是问题依然存在，任务也就不可能完成。反思对待问题的两种选择和两个结果，我们会不由自主地问：同是一项工作，为什么有的人能够做得很好，有的人却做不到呢？关键是一个思想观念认识的问题。事实上是，观念决定思路，思路决定出路。观念转、天地宽，观念的力量是无穷的。所以要提高个人执行力就要加强学习，更新观念，变被动为主动。

具有自动自发工作思维的员工，有着对任务的一流执行力。他们会自觉加班加点，尽最大努力把工作完成，他们时刻都在考虑怎样尽善尽美地完成工作。他们不仅会圆满地完成任务，还会为老板考虑，自觉提供尽可能多的建议和信息。他们无论在任何岗位，无论做什么工作，都会怀着热情、带着情感去做，真正做到诚信做人，勤奋做事。

想想自己能为单位做什么

现在，如果一个员工还抱着"不求有功，但求无过"的心态去做事情，其职业生涯的前景怕是很难乐观。对员工来说，只有工作业绩最能证明工作能力，充分体现个人价值。因为，只有每一个员工的个体价值得到提升，公司的整体价值才能得到提升，也才会长期发展。

有的员工只想着"将来我能拿多少钱?能接受什么培训?能享受哪些福利?"而不是先考虑"我能为公司做些什么,创造什么价值?"这种对待工作的态度是非常有害的,尤其对初入职场的年轻人更是如此。在对企业有所要求的同时,首先应该正确客观地评价自己。

企业靠什么生存?靠所有的员工卓越完成公司下达的任务,而不是靠大家轻松地谈谈天、喝喝咖啡之类的。如果你每月还能按时领到一定的薪水,一定不是因为别的什么,而是因为你完成了这个岗位规定的任务。

真正的人才是积极想办法为企业创造财富的人。哪怕你是技术、能力最强的一个,但并不能表明你是最有价值的员工。只有那些有长远目标,有想法,有创意,能为公司在业绩上作出贡献的员工才是最棒的。

企业是根据一个员工的工作业绩来确定其工作价值的,并不是说出的力越多、学历越高,你得到的报酬就越多,而是要看员工个人所贡献出的最终劳动成果。联想集团有一个很有名的理念:"不重过程重结果,不重苦劳重功劳。"这是写在《联想文化手册》上的核心理念之一,这一理念突出表达了目标与结果的重要。

企业评价一个员工,主要是看员工能否给企业创造价值,创造多少价值。工资的增长跟员工的业绩是紧密相连的。在法律法规的范围内,每个企业都根据自己的企业状况制定有相应的工资结构,企业根据职位范围的大小、工作的复杂及难易程度等来确定工资的级别。

作为一名员工,要时时以经营绩效为己任,努力为公司创造利润,伴随公司成长而成长。

利润是所有企业得以发展的原动力，公司是一个以实现经济利益为主要目标的经营实体，必须凭借足够稳固的利润去不断壮大发展。而要发展就需要公司所有员工都积极主动地把自己的全部力量和才智贡献出来，为公司出谋划策，并贯彻实行。

如果你只是一枚平淡无奇的小沙粒，你没有理由抱怨不被注意，因为你没有被注意的价值。要想引起注意，要想有自己的立场和声音，你先要站起来去为自己争取"结果"。努力才能提升你的价值，成为闪亮的珍珠后你才能引人注意。

我们要认清这样一个现实：公司不是慈善机构，老板与职员也不是父母与孩子的关系。在企业付给你报酬的同时，你应该给企业几倍甚至几十倍、几百倍的回报，最起码，你为企业创造的价值要超过企业支付给你的报酬。每一个老板都希望自己的员工能创造出优异的业绩，而绝不希望看到员工工作卖力却成效甚微。

真正有远见的人懂得：工作，凭的是业绩，是实力。要想成为职场中的佼佼者，要想超越其他人，那么，就要毫不懈怠、竭尽全力地把你那一行钻研透彻。事实表明，品格优秀，又业绩斐然的员工，是最令老板倾心的员工。如果你在工作的每一阶段，总能找出更有效率、更经济的办事方法，你就能提升自己在老板心目中的地位。

做事不认真，处处投机取巧，随时担心自己所耗费的精力和时间已经超过薪水的报酬，因为没有额外的津贴，便不肯多动动手，不肯多提出一些改进的意见。这种员工，任凭他的学识怎么丰富，本领怎么大，也绝对不可能会有出头之日。

我们首先要掂量掂量自己的真正实力，站在公司的角度想一想，自己的价值会有多大，例如完成了多少项目、给公司创造了多少价值等，然后再想想这种价值是否与你的薪资相符。毕竟工作上的成

如何提升个人执行力

就才是你获得加薪的基础。如果你创造的价值远远大于你的薪水，又何愁没有得到的那一天。

有的员工爱抱怨工作繁重，薪水太少，却很少能真正地反省一下自己。他们认识不到丰厚的报酬是建立在自己的工作业绩上的，更认识不到利用工作机会来提高自己的能力，增强自己的实力，为自己日后谋取更好的待遇增加砝码。

一个人工作，永远都只是为他自己书写人生简历。只有付出大于得到，让老板真正看到你的能力和价值，你才有可能得到更多的机会，创造更多的价值，同时你也找到了属于自己的最好位置。

"我能为公司做什么？"这应该是每一位员工从进公司那一刻就该明白的事情。你要主动、积极、创造性地把属于你的工作做到尽善尽美，然后你将获得"公司能给我什么"的报酬。

一个员工，要想在公司里占有一席之地，就要对自己所从事的工作的价值有更深入的理解，只有认定自己工作的价值，为公司赚取更多的利润，才能在职场中稳操胜券。也就是说，能为公司赚钱的人，才是公司最需要的人。

突出的工作成绩最有说服力，最能让人信赖和敬佩。唯有如此，企业的航船才能在市场经济的大海中，乘风破浪，越过激流，避开商战"暗礁"，从而立于不败之地。

忠诚是最大的责任

想一想，一个人具有非凡的执行力，却对公司不够忠诚，后果会是什么？答案只有一个：后果很严重，老板很生气。

一个对公司缺乏忠诚的员工，执行任务时，一遇到困难就会撂挑子，即使迫于上司查核的压力，也会推诿、拖延，并处心积虑地寻找借口。更有甚者，面对巨大利益的诱惑，他会置公司的利益和职业道德于不顾，出卖公司的机密。当公司经营一时陷入困境，或者是个人过度膨胀的私欲没有得到满足时，跳槽就不足为怪了。这样的员工，即使具有非凡的执行力，又有哪个公司敢重用呢？

赵明是一家大公司的技术部经理，在专业领域有很大的建树，而且做事果断，有魄力，老板很器重他。一天，有一位相识的港商请他到酒吧喝酒。几杯酒下肚，港商一本正经地对他说："老弟，我想请你帮个忙。"

"帮什么忙？"赵明觉得有点奇怪。

港商说："最近我准备同你们公司洽谈一个合作项目。如果你能把相关的技术资料提供给我一份，将会使我在谈判中占据主动地位。"

"什么？你让我做泄露公司机密的事？"赵明皱起了眉头。

港商压低声音说："你帮我忙，我是不会亏待你的。如果成功了，我给你15万元的报酬。这事只有天知、地知、你知、我知，对你没一点影响。"说着，港商把15万元的支票塞到赵明手里。

赵明心动了，把支票收了起来。第二天，他也给港商提供了一份公司高度机密的技术资料。

在谈判中，赵明的公司一直处于被动，结果整个项目谈成后少挣了好几百万元。事后，公司查明了真相，毫不犹豫地将赵明辞退了，并将那15万元追回，以补偿公司损失。

这样的事例不胜枚举。只有那些把忠诚视为最大责任的人，才会抵御住形形色色的诱惑，才会时刻想到公司的利益而不遗余力地执行任务，才会在公司遭遇困境的时候选择留下来，帮公司渡过难关。忠诚源于强烈的责任感，一个人只有具备对公司和工作高度负责的

精神,他才真正拥有了忠诚的品质。也就是说,强烈的责任感可以造就忠诚。当他进一步认识到忠诚是一种责任时,责任和忠诚就达到了统一。缺乏责任感的人,即使整天把忠诚挂在嘴上,也经不起考验。

琳达刚进一家房地产公司时,做办公室打字员。她的打字室与老板的办公室只隔着一块大玻璃,她却很少向那边多望一眼。她只是兢兢业业地工作。一年后,公司的资金链中断,经营亮起了红灯,工资也开始拖欠,员工纷纷跳槽。琳达这时想到的是,尽自己的能力帮公司摆脱困境是自己的责任。当总经理办公室的工作人员就剩下她一个人时,她的这种责任感反而更强了。一天,琳达走进老板的办公室,直率地问老板:"你认为公司已经垮了吗?"老板一愣,说:"没有!"琳达用坚定的语气说:"既然没有,就不应该消沉。现在的情况确实很糟,可很多公司都面临着同样的问题。虽然公司的200万美元砸在工程上,成了一笔死钱,可我们不是还有一个公寓项目吗?只要好好做,这个项目就可以为公司重整旗鼓。"说完拿出那个项目的策划文案。过了几天,琳达被派去负责那个项目。琳达想:我一定要做好这个项目!在这种责任感的驱使下,琳达作出了让老板和同事们刮目相看的业绩。两个月后,那片位置不好的公寓全部售出,拿回了3800万美元,公司终于有了起色。

琳达因此被晋升为公司的副总经理。公司改成股份制后,老板成为公司董事长,她则被聘为公司总经理。

你具备琳达这种对公司高度负责的忠诚吗?你要知道,忠诚的员工是老板最欣赏的。曾有人在全球著名企业家之间做过这样的调查:"你认为员工最重要的素质是什么?"几乎所有的企业家都一致认定:忠诚。你知道为什么吗?看看比尔·盖茨是怎样解释的:"这个社会并不缺乏有能力、有智慧的人，缺的是既有能力又忠诚的人。相对而言，员工的忠诚对于企业来说更重要，因为智慧和能力并不代表一个人的品质，对企业来说，忠诚比智慧更有价值。"

忠诚之所以为广大的企业家所看重，是因为忠诚会让一个人保持执行的连续性和完美性。强烈的责任感可以造就一个人的忠诚，忠诚又会增强一个人的责任感。无论发生什么情况，诱惑或者困难，他都会一如既往地把任务执行下去，都会尽职尽责地将工作做到尽善尽美。

有人会说："我对公司忠诚，可老板似乎看不到。不但不重用我，还让我受了委屈。"忠诚不是交换的砝码，也不是完美的护身符。员工对公司忠诚，是最基本的职业道德，老板不会因为一个人忠诚就忽略了他的其他的缺点，就会对执行中出现的问题不管不问。甚至老板也有做错的时候，也有戴着有色眼镜看人的时候。这个时候你也许会受到委屈，这在职场上是很正常的事情。倘若你连这么一点打击都承受不住，做出对公司不忠的事情，你将会为自己的草率和莽撞付出极大的代价，那时你将真的被老板冷落，或者被公司辞退。正确的做法应该是，继续对公司忠诚、对工作忠诚，总有一天老板会发现你的价值的。

著名的管理大师艾柯卡，受命于福特汽车公司面临重重危机之时，他大刀阔斧地进行改革，使公司走出了危机，自己的地位也节节高升，直至成为公司的总裁。尽管后来艾柯卡被解除职务后离开了福特汽车公司，但他仍然很欣慰自己为福特汽车公司所做的一切。

艾柯卡说："无论我为哪一家公司服务，忠诚都是一大准则。我有义务忠诚于我的企业和员工，任何时候都是如此。"正因为如此，艾柯卡不仅以他的管理能力，更以他的人格魅力征服了别人。也正

是凭着这种执著的忠诚,艾柯卡到了濒临破产的克莱斯勒公司,经过大刀阔斧的整顿和改革,帮助公司走出了困境,又一次取得了成功。这正如一位成功学家所说:"如果你是忠诚的,你就是成功的。"

如果你还不具有忠诚这种美德,那你就赶快培养自己对公司和工作强烈的责任感吧。强烈的责任感可以造就忠诚。

感恩是一堂人生必修课

一位英国学者有句名言:"感恩是伟大教养的果实,你不会在粗俗的人们中间发现这种品质。"对于我们的心灵,再也没有比感恩更伟大、更强有力的激励了。

感恩周围的一切,包括坎坷、困难和我们的敌人。因为世界上的一切事物都不是孤立存在的,没有周围的一切,就没有你的存在,就连阻力都是动力的反作用力!

一个人的一生总是在不断成长,不要以为成长仅仅是儿童和青少年的事情,其实,成年人更需要成长。只是这种成长所包含的内容更多、更复杂。除了知识和技能外,更多的是自己事业和社会地位的发展和提高。

工作所给予一个人的要比他付出的更多。如果你将工作视为学习的途径,那么,每一项工作中都包含了个人成长的机会。譬如,增加自己的社会经验,发展自己的能力,提升个人的人格魅力……而公司实际上就是提供了这样一个学习和发展的平台。只有这个平台越来越大、越来越好,才能为员工创造更多的机会,提供更大的发展空间。

只有从这个意义上认识工作,你才能在工作时心存感恩之心,才能将工作视为乐趣而不是痛苦的工作与薪水交换的过程。

感恩之心需要学习，这是人生必修的一堂主课！

无论你的上司态度如何、能力怎样，我们都应保持感激的心态。对待精明能干的上司，应该感谢他为我们树立起可以学习的典范；对待刁钻古怪的上司，也应该感谢他们给了我们锻炼意志、品格、能力等难得的机会；对待能力有限的上司，我们更应感谢他提供给自己自由摸索、大展拳脚的空间。不管怎样，都应以平和的心态对待这其中的种种遭遇，积极设法把问题解决，从而使自己得到更好的提高。

每一份工作或每一个工作环境都无法尽善尽美，但每一份工作中都有许多宝贵的经验和资源，如失败的教训、自我成长的喜悦、友善的工作伙伴、宽容大度的客户，等等，这些都是工作成功者必须体验的感受和具备的财富。

哈佛大学毕业的玛丽就职于美国邮政服务公司，与她相处过的同事都对她的友好、善良等美德留有深刻的印象。几乎每一个和她相处过的人都最终成了她的朋友。

有人对此深表不解，就问玛丽有什么与人相处的秘诀？玛丽微笑着说出了与人相处的秘密：

"一切归功于我的父亲，从小的时候起他就教导我，对周围任何人的给予都应该抱有感恩的心情并永远铭记，同时永远忘记那些不愉快的过去。我幸运地获得了这份工作，还遇到了很多友善的同事。虽然上司对我很严格，但是在私人生活方面却对我很照顾。所有的这一切，我都铭记在心，并且对他们永远心存感激。一直带着这种感恩的心态去工作，很快我就发现，一切都美好起来，一些微小的不快也会很快过去。我之所以工作得很顺利，主要是大家都很乐意

帮助我。"

是啊，不管生活在哪个国度，谁又不对知恩图报的人更加青睐呢？同事愿意帮助那些知恩图报的人，老板当然也更愿意提携那些一直对公司抱有感恩之情的员工。因为这些员工不但明白事理、容易相处，而且工作更加热情，尤其对公司更加忠诚。

许多人在选择工作时，都会问："工资待遇如何"，"有多长的假期"，等等。几乎百分之九十以上的人都忽略了一项更为重要的因素，那就是如何更快、更好地提高自己的能力。而公司就是一所很好的学校，上司和同事就是这所学校的老师。在公司这所学校里，你可以学到先进的管理经验、经营技巧、工作技巧以及如何处理人际关系等。这些都是你以前在课本里很难学到的东西，可以说，这会成为你的一笔宝贵财富。

公司的发展给每个人都创造了均等的机会。每个积极向上的人都要具备自觉学习和自我批判的能力，既要学习工作技能，更要在实践中提高自身素质。

除了自己的家人之外，上司和同事是与自己接触最多的人，也是自己每天都面对的比自己优秀的人。因此，不可错过向他们学习的良机。一些人不惜代价为杰出的人工作，寻找种种机会和他们共处，其目的就是为了能够多向他们学习。

或许人们习惯于"此山望着彼山高"，对近在咫尺的东西总是感觉不到其优秀之处，或许是出于嫉妒，或许是由于利益的冲突，我们会无意间忽视了那些每天都在督促我们工作的上司。上司在能力上毕竟有其独到之处，与他们交往，你将会吸收到各种对自己有益的养分，以提高自己各方面的能力。

上司之所以能够成为管理者，必然有一些我们所不具备的东西。

只要注意留心上司的言行举止，观察他们处理事情的方法，你就不难发现，他们具有不同于普通人之处。聪明人应该懂得学习他们的言行，了解作为一名管理者所应该具备的知识和经验。

一个好的上司不仅会告诉你工作的技巧，也会教给你经商之道，对此你应该感激。每个人从模仿中学到的知识比通过其他方式所学到的知识要多得多。模仿上司的行事风格是员工自身获取进步的捷径。

你可以结合对上司的观察，对照一下自己与上司的差距在哪里。学习别人的优点，改正自己的缺点，你自己才会变得更强大。

多花一些时间想想自己还有哪些需要改进和提高的地方，看看自己的工作是否已经做得很完美了。如果你每天都带着一颗感恩的心去工作，相信工作时的心情自然是愉快而积极的，你的人生积淀也会越来越深厚，越来越丰富。

不要怕承担责任而不敢做

有些员工在面对一项艰巨的任务，或者在执行过程中碰到棘手的问题时，总是担心出现差错被追究责任而缩手缩脚，不是找借口将任务推掉，就是事事请教上司，让上司作决定，一旦出现差错，就竭力推卸责任。他们只做一些没有挑战性的、约定俗成的工作，这些工作简单得几乎不可能犯错，似乎这样他们展示给老板以及同事的形象就是完美无缺的了。实际上恰恰相反，这是一种极不负责任的表现，是缺乏自信心和进取心的真实写照，是对执行最大的干扰和破坏。没有一个老板敢把任务放心地交给这样的员工，没有一个同事愿意跟这样的员工合作。他们最终也将成为公司的弃儿。

　　奎尔是一家公司销售分公司的经理，他公司的产品在与他负责的区域接壤的地方发生了一起严重的质量事故。奎尔明白，按照惯例，这种情况必须由他出马，在第一时间内赶到现场处理。可是基于对出事地域风土人情的了解和对处理同样事故的经验，奎尔知道他面临的是一项非常棘手的工作，一不小心就会引火上身。于是他以身体有病为由，让助理赶去处理。助理欠缺经验，使事件升级，陷入僵局。总公司不得不另外派人去处理，最后这次质量事故引起的风波虽然得到了平息，但是付出了很大的代价。

　　总公司追究责任，经过调查，如果奎尔在第一时间赶到现场处理的话，就不会造成这么大的损失。但是奎尔却以自己告假为由，称自己并不知道这起事件的具体情况，一切都是助理自作主张，带领一帮人去处理的。虽然奎尔把责任推到了助理身上，但是总公司还是对奎尔的工作态度和人品产生了怀疑，害怕他把这种手段当做惯技，影响分公司的团结和业务的开展，过了一段时间后，找了一个合适的机会将他解聘了。

　　不要逃避责任，寻找借口虽然可以一时推卸掉责任，但是却因影响了执行而给他人留下了不好的印象。你是否也像奎尔一样，执行中一遇到困难就千方百计寻找借口推卸责任？这种小花招虽然让你一时逃避了责任，但你有没有想过什么都不做的后果？在困难面前消极逃避，你的工作能力自然得不到提高，长此以往，执行力也将大打折扣。只有迎难而上，积极应对，认真分析问题，找出解决的方法，并坚定不移地执行下去，才是正确的工作态度。

　　当然，这需要你花费很大的精力，你可能要查阅大量的资料，可能要进行大量的市场调查，可能要加班加点坐在电脑前冥思苦想，可能要虚心向上司及有经验的同事请教，但这些都是你必须要做的。

在一次又一次的攻克难关的过程中，你会积累起丰富的实践经验，个人的执行力自然会随之大为提高。况且，你的自信心也会随之不断增强，当你坚信有能力克服一切困难时，你就不会再找借口推卸责任了。

还有一种人，为了逃避责任，在问题面前不作任何决定，事事请教上司。一旦出现差错，他们就会理直气壮地说，是上司让我这么做的，言外之意我可是服从领导、绝对执行的好员工，一切责任都应该由上司负责，至少也应该由上司负主要责任。持有这种观点的人是非常可笑的，而自以为是付诸实施就是可悲的了。

你有没有想过，在所谓的服从领导、绝对执行的背后，就是能力低下和缺乏主动工作的精神。没有一个上司喜欢这样的员工，如果你是一个初入职场的新人，对于你的不耻下问，上司一般会不厌其烦地指导你；如果你老是事事请教，会浪费上司的时间和精力，打乱上司的工作安排，难免会引起上司反感，当你再把责任推到他头上时，你自然会为你不负责任的行为付出沉重的代价。巴顿将军为此说过："自以为是而忘了自己责任的人，一文不值，遇到这种军官，我会马上掉换他的职务。一个人一旦自以为是，不负责任，就会远离前线作战，这是一种典型的胆小鬼的表现。唯有负责任的人，才会为自己从事的事业心甘情愿地献身！"

怕承担责任而不作任何决定，最终葬送了一个公司。其实，一个人在工作中犯错是很正常的事情。工作一时出现差错并不可怕，可怕的是不敢承认错误，找借口推卸责任。一个人惧怕承担责任，就不会有勇气提高自己的工作能力，积极寻找解决问题的方法，从而改正错误并更好地完成任务。殊不知，承认错误并改正错误，也是负责的表现。只要你勇于承认错误，积极改正错误，将公司的损

如何提升个人执行力

失减少到最低,让执行流程得以继续进行,即使老板或者上司责骂你几声,他也会原谅你。因为金无足赤,人无完人,就是老板也很难保证不犯错误。

美国通用电气公司前首席执行官杰克·韦尔奇坦称自己在职场生涯初期曾犯下许多用人不当的错误,同时也靠直觉作出了不少决策。不过只要发现自己有错,他就会立刻承认。接下来他会反躬自省错在何处,聆听别人的看法,吸收更多信息,找出解决问题的方法。有人这样评价他:"如果看看他在20世纪80年代和90年代的所作所为,你会发现他犯过上千个错误。但他从不会犯两个同样的错误。这就是他的财富!"

勇于承认错误并积极改正错误,才是正确的工作态度。这样才会吸取教训,积累经验,避免碰到相同或者相似的问题时第二次犯错。如果不能彻底从失败中站起来,勇于承担责任,就可能再一次犯相同或者相似的错误,而且这一次说不定会给计划的执行带来更大的麻烦,使公司遭受更大的损失。而且错误承认得越及时,越能更快地、清晰地找到失败的原因,就越容易改正和补救,损失就自然能降到最低。

当然,谁也不希望自己的工作出错,这也是人之常情,也是渴望成功的员工追求的工作标准。但是不应该怕承担责任而不敢做。一旦被这种思想束缚住,一个人就丧失了进取心,个人执行力就老是在原地踏步不前,相对于不断进步的员工,就是退步和落后。这比失败一千次都可怕。相对于那些一帆风顺但表现平庸的员工,老板更喜欢那些有过失败经历,但仍然坚忍不拔、积极进取的员工。

要冲破"怕承担责任而不敢做"的思想束缚,首要的是树立起强烈的自信心。一个人具备了强烈的自信心,就会无所畏惧,即使任务再艰巨，也会坦然接受，即使问题再复杂，也会坚定地执行下去。在你面对困难担心犯错被追究责任的时候，你要不断鼓励自己："我一定能行！凭我的能力一定会完成任务！即使失败了也不可怕，那样我会吸取教训，下次完成得更加完美！"这样你就不会处心积虑地寻找借口推卸责任了。这时候你就会认真分析面临的问题，仔细考虑采取怎样的方式方法才能够解决问题，并及时通过学习来弥补能力上的缺陷。而且，强烈的自信心会激发你的潜能，使你超水平发挥，原本很棘手的问题也会迎刃而解！

有时候，一旦树立起强烈的责任心，你就会发现迷惑你的困难和问题竟然是外强中干的纸老虎，你不需要花费多大的精力就能克服和解决。态度决定一切，当你自信能够对付一切问题和困难时，你就不会怕承担责任而缩手缩脚了。

在任何一个公司里，老板赏识的都是勇担责任积极执行的员工。那些怕承担责任而拒绝挑重担的胆小鬼，势必遭到淘汰。积极行动起来吧！勇于承认错误并积极改正错误，也是负责的表现！树立强烈的自信心，才能冲破"怕承担责任而不敢做"的思想束缚！

负责是要用生命去做的事

很多时候，一项战略或计划执行不力，没有达到预期的目标，很大程度上是因为执行人员懈怠，没有尽职尽责地努力去做，平时敷衍了事，出了问题又互相推诿。对于这种责任感的缺乏，他们不以为然，甚至还振振有词："我做了呀！我努力了呀！又不只是我一个人的事！"当上司追究下来，他们又信誓旦旦地表示，一定尽职尽责地工作，只不过将责任挂在嘴上搪塞一番，依然我行我素。

追本溯源，这些人将负责当做儿戏，根本认识不到责任感对于执行的重要性，更认识不到负责是需要倾尽一个人的心力去做的事。一个人只有树立强烈的责任感，勇于负责，才能够在规定的时间之内保质、保量地完成任务，这样才不会使执行流程发生中断。一个人只有竭尽所能、不遗余力地去执行，才能够尽善尽美地完成任务。

IBM前营销副总裁曾经说过："我们不能把工作仅仅看做是为了五斗米折腰的事情，我们必须从工作中获得更多的意义才行。"你上班是否只是为了获得薪水，是否只盯着薪水的多少而斤斤计较，而不去考虑自己的工作是否对得起那份薪水，是否成为物质的奴隶而不再追求更多的意义？当一个人只为了薪水而工作，自然就不会有其他高尚的追求，比如尊严、完美、生命的价值，也就不会赢得同事的尊重和上司的赏识。

东芝株式会社前社长土光敏夫曾对员工说过："为了事业的人请留下，为了工资的人请走开。"

一个人步入职场之后，大部分时间都要为了工作而奔波，所以，一个人的价值一般都是通过工作来体现的。要想在公司里获得成功，就必须在执行中有完美的表现，而首当其冲就是要树立高度负责的职业精神，这是做好一切工作的根本和提升工作能力的保证，也是赢得上司赏识和同事尊重的前提。

克里是一家大型滑雪娱乐公司的普通修理工，一天晚上他值班，深夜巡查时看见一台造雪机喷出的全是水，而不是雪。他知道这是造雪机的水量控制开关和水泵水压开关不协调所致。他急忙跑到水泵坑边，用手电筒照着检查，发现坑里的水快漫到了动力电源的开关口，若不赶快阻止水继续漫溢，将会发生动力电缆短路，这种情况将会给公司带来重大损失，甚至伤及人的性命。他来不及多想，不顾个人安危，跳入水泵坑中，摸索着控制住了水泵阀门，防止了水的漫溢，然后顾不得换下水淋淋的衣服，又找来工具把坑里的水排尽，重新启动造雪机开始造雪。

当同事赶来帮忙时，一切都已经处理妥当，他却连冻加累，浑身颤抖得走不动路了。公司总裁闻讯，下令连夜把他送到医院诊疗，他才没有落下什么身体上的伤残。事后，他受到了公司的表扬和嘉奖，当部门经理的职位出现空缺时，他便被晋升为部门经理。

克里赢得了周围人的尊重和老总的赏识，正是凭借他不顾个人安危勇于负责的精神，也就是用生命去负责的精神。你是否像克里那样，面对困难想到的不是逃避责任，而是怎样克服困难，将执行进行到底？你是否觉得个人利益可能要受到影响，就将工作扔到一边，不再负责？还是像克里那样不顾个人安危，只想着尽善尽美地完成工作？

用生命去负责，是负责的最高境界。当一个人用生命去负责，一切都将会发生改变。他会变得无所畏惧，遇到再大的困难也决不退缩；他会冷静思考问题，寻找解决问题的方法；他会追求完美，将工作完成得无可挑剔；他会经常激励自己："这是我的责任，我就要勇于负责到底！"

用生命去负责，并不是非要牺牲人的性命。它倡导的是责任同生命一样重要的理念，在责任面前忘我的伟大精神。一个人具有这种精神，就拥有了强劲的精神动力，困难越大，斗志越坚；就会自我加压，提升个人执行力，保证执行顺利进行。他生命的价值也因此而提升，找到自己的尊严，赢得他人的尊重，从而实现更大的意义。这正如温斯顿·丘吉尔所说："伟大的代价就是责任。"

你明白了吗？端正态度，用生命去负责吧！负责是需要一个人

倾尽心力去做事！责任同生命一样重要！

明确责任才会更好地承担责任

很多时候，执行中出现问题，当事人竞相推卸责任，是责任不清造成的。在执行任务之前，有的人确实没搞清自己该承担什么样的责任，只是盲从或者被动地执行。当让他承担责任时他一下接受不了，推卸责任是一种出于本能的自我保护。而有的人是故意模糊责任，甚至混淆责任，为自己推卸责任制造借口。

其实，解决这个问题很简单，只要明确了参与执行人员的责任，让他们清晰地认识到哪些责任是不可推卸的，他们就无法找到推卸的借口了。

南京明城墙是我国保存比较完整的古城墙，也是世界上现存最大的古代砖城，这与它所用砖块的质量不无关系。据记载，该城墙所用砖块都是由长江中下游附近的150多个府（州）、县烧制的。砖的侧面刻着铭文，除时间、府县外，还有四个人的名字，分别是监造官、烧窑匠、制砖人、提调官（运输官）。

砖上刻人名的用意，用现在的话来说，就是职责分明，责任到人。参与人员的名字都烧在砖上，清清楚楚，一目了然，一旦出现问题，谁也赖不掉。无论监造官、提调官，还是烧窑匠、制砖人，哪个环节出了问题，一样要被追究责任。这就使得参与人员丝毫不敢懈怠，尽职尽责地努力工作。最后交砖时，检验更为严格，由检验官指使两名士兵抱砖相击，如铿锵有声、清脆悦耳而不破碎，属于合格；如相击断裂，责令重新烧制。正因为责任如此清楚，才保证了城砖质量上佳，以致南京明城墙历经六百多年的风雨，仍巍然屹立。

现代公司几乎都制定了规章制度和岗位职责，员工要认真学习领会，明确自己的工作应该承担什么样的责任，这样就会有效防止因懈怠责任导致发生本可避免的问题，自然也就不会为承担莫名的责任而感到委屈，更不会以不清楚责任为由而推卸责任。也只有认清了自己的责任，才能知道自己究竟能不能承担责任。一旦发觉自己力所不及，就要想方设法弥补自己的缺点，提升自己的能力，才能真正地把责任承担起来。当发觉自己的差距较大，短时间内无法达到承担责任的要求，就应开诚布公地向老板或者上司说明情况，重新安排一项你能承担起责任的工作。这样才不会影响到一项计划的执行，不会给公司造成损失。从这个角度讲，这也是负责任的表现。其实，老板对员工的能力一般都很清楚，有时一项看似不可能完成的任务，只要你发挥主观能动性和聪明才智，完全能够克服困难，圆满完成任务。当老板看清你推脱的本质时，你在老板心目中的地位立刻会一落千丈，即使不辞退你，也会将你打入冷宫，不再重用。因为一个人一旦失去了责任感，就被剥夺了挑重担的资格。

明确了责任，才能更好地承担责任。有些人之所以工作出现问题，就是因为不清楚自己的责任而造成的。他们把本该属于自己的责任看成与自己无关，所以没有尽心尽力地去做。当他们认清自己的责任，知道哪些是自己分内必须做好的，哪些是在做好分内工作的基础上才可以做的，他们才不会顾此失彼，才会主次兼顾，才会把决定要做的事情做好。做好该做的事情，是一种崇高的责任，也是优秀员工必须具备的品质。当你明确了自己的责任后，你才会统筹安排，拿出最佳的方案，真正把劲使在刀刃上，效率与质量并重，把工作做得趋于完美，无可挑剔。

有时候，你被安排参加一个团队，执行一个独立的项目，这时

你的工作职责已经与原岗位相剥离,如果老板或上司交代不清,就会造成团队成员的责任不清,每个人都感到责任重大,到了关键时刻又都负不了责,致使项目进展缓慢,甚至开展不下去。这个时候,你要主动地理清责任关系,使每个人明确自己的责任,才会使项目正常地开展下去。

我们来看一个案例:甲、乙、丙三人被公司选定实施一个项目,公司只指定甲为工作协调人的角色,主要负责安排任务,每周将具体工作进度和相关情况向公司领导汇报,而没有权力监督执行的结果。由于乙、丙对现场环境缺乏认识,而且又是第一次进入现场项目组,以前在工作中养成的散漫习惯逐渐暴露出来,使项目仅进行了两周,就出现了严重的延迟现象。甲出于工作需要向乙、丙提意见,但乙、丙以甲无权干涉为由不予理睬。最终甲因无法忍受客户的投诉,向公司提出建议,进一步明确项目成员的责任,尤其是增加自己协调人的管理职能。公司针对现场情况,授权甲管理和协调现场的人员。于是甲用了一周时间将现场工作的注意事项灌输给乙和丙,发生疑问必须立即在团队内部交流。

明确了责任就扫除了执行的障碍,工作自然会朝着健康的方向发展,也只有明确责任,才能承担起责任,把工作干好。所以,打消那些靠责任不清而推卸责任的幻想吧,没有人会因为你不清楚自己的责任而原谅你。

把工作标准调整到最高

工作标准的高低决定着工作质量,而工作质量是衡量个人执行力的主要指标。对每一件工作,领导的要求往往比较高,我们自己有时标准低一点也正常。问题是,当领导提出高标准时,我们要按领导的要求积极努力想办法完成,千万别认为领导要求太离谱,太苛刻,不可能完成;或认为,我反正就这水平,要么领导另请高明。领导的要求高,对我们来说,既是一个锻炼学习的机会,又是一次自我挑战和升华。

把工作标准调整到最高,就要树立干工作就要干到最好的信念,要树立责任感、强化履职能力,提高工作标准,切忌对工作应付了事。

要把工作标准定在"干到更好"上,防止"凑合"、"应付"现象的发生,就应做到"三个必须":一是必须树立强烈的责任感。无论干什么,都要把"干就干好、干到更好"作为基本的要求。二是必须强化履职能力,勇于攻坚克难。工作标准,直接影响着工作进度、工作成效和职能作用的发挥。应把攻坚克难当做履行职责的基本要求,凡事向高处看,对于工作不能仅满足于完成,而是要看自己的职责尽到了没有、尽够了没有、尽好了没有。三是必须勇于承担责任。麻绳先从细处断。一个人的责任心有多大,抓工作的力度就有多大,完成工作的效果就有多好。如果主观上降低标准、放松要求,没有尽到工作职责,造成大的工作失误,影响目标任务的完成,就要承担相应的责任。要从自身做起,坚决摒弃"小事应付、大事凑合"的蒙混心理,树立"有多大职权就要尽多大职责"的观念,高标准地完成各项任务。

把工作标准调整到最高,就要高标准定位工作,要制定相对高的工作目标,让自己产生"更上一层楼"的动力,才能让工作标准和质量不断提高。

自我满足的思想对个人和企业是有害无益的。应把工作标准定

位在积极进取、永不满足上。一是更新观念。拿出"人生能有几回搏"的勇气和智慧,不自满,不懈怠,积极进取,勇于拼搏,立足岗位创业绩。二是争创一流。做每一项工作都要坚持高起点、高标准、高质量。要有一种工作质量上不去就"食不甘味、寝不安席"的责任感;要有一种干不好工作、完不成任务就无法向单位交代的使命感。三是永不满足。要自我加压,真抓实干,凡是定下的事,能办的立即办。切实做到敢打硬仗、能打硬仗、会打硬仗,力求在高标准的工作中实现自身价值。

把工作标准调整到最高,就要学习他人长处,俗语说"三人行,必有我师",要认真向周围同事、各地同行学习他们的经验,只要是好的,只要有利于工作,都可以借鉴。

学习是提高自身素质的必要环节。一是善于向外学习,克服自以为是的思想,勇于承认差距。通过开展有针对性的外出学习活动,进一步开阔视野,解放思想,更新观念,树立创新意识,敢于打破常规,在管理创新方面不断取得新突破。二是善于向内学习。企业内每个人都有自己的长处,如果每个人都能敞开胸怀,学习交流工作中的好经验、好做法,一定会促进个人和单位工作水平的整体提升。三是善于借力发展。要树立"博采众长、借力发展"的理念,在加大自主管理创新力度的同时,充分借外力为我所用。

把工作标准调整到最高,就要坚持求真务实地工作,求真务实是检验工作质量的标准,切忌弄虚作假。

要把工作标准定在"求真务实、真抓实干"上,防止浮漂作风。一是明确重点。任何工作都要立足全局,突出重点,抓住本质,把握关键,从根本上解决问题,绝不能浅尝辄止,水过地皮湿。二是把握细节。谁能解决好细节问题,谁就能掌握工作的主动权。要善于从具体工作抓起，从细微之处入手，既要谋全局、管大事，又要注意抓细节，特别是抓住具有倾向性、苗头性的问题。三是务求实效。在工作中要取得成效，必须要有脚踏实地、敢打硬仗的工作作风。

调整出最佳的情绪状态

"一颗老鼠屎坏了一锅汤"在职场上同样适用。个别表现消极的员工会对整体工作产生严重的负面影响。你肯定碰到过类似的情况：身边总会有几个一天到晚怨天尤人的同事，无论是在每周员工例会上，还是在餐厅排队时，他们始终在抱怨。他们仅需几句泄气话，就能让一个热闹的头脑风暴会议前功尽弃，他们的坏心情很快便会传播开来。消极态度甚至能抵消掉好消息。

众所周知，细菌、病毒等具有传染性，殊不知消极情绪也可传染。有人将这种消极情绪的传染称为"情绪污染"。

美国有位科学家发现，原本心情舒畅、性格开朗的人，如果整天与一个心情沮丧、愁眉苦脸、唉声叹气的人相处，不久也会变得抑郁起来。而且一个人的同情心及敏感性越强，越容易受不良情绪的传染。

消极情绪的传染是在不知不觉中进行的，而且传染的速度相当快。一个人如果和亲近的人待在一起，而对方情绪低落或烦躁，那么不到半小时他的情绪就会受到对方的传染。

情绪是指人们对环境中某个客观事物的特殊感触所持的身心体验，是一种对人生各种活动具有显著影响的非智力潜能素质。心理学家研究发现，一般人的一生平均有十分之三的时间处于情绪不佳

的状态,因此,人们常常需要与那些消极的情绪作斗争。

情绪变化往往会在我们的一些神经生理活动中表现出来。比如,当你听到自己失去了一次本该到手的晋升机会时,你的大脑神经就会立刻刺激身体产生大量起兴奋作用的"正肾上腺素",其结果是你怒气冲冲,坐卧不安,随时准备找人评评理,或者"讨个说法"。情绪控制,对人生有非常大的帮助。一个人真的想有所成就的话,就要有情绪调控的能力。

成功者控制自己的情绪,失败者被自己的情绪所控制。所谓成功的人,就是心理障碍突破最多的人,因为每个人或多或少都会有各式各样、大大小小的心理障碍。

世界上从来没有过完美的公司,也没有过完美的个人,关键是把人的注意力放在哪里。是去注意优点,还是注意缺点。把注意力放在问题的不同方面,常常会得出不同的结果,对人产生不同的情绪。看问题的积极方面,可以产生乐观的情绪;看问题的消极方面,就会产生悲观的情绪。但相当多的人不由自主地会选择悲观,所以必须学会控制自己的注意力以调控自己的情绪。

在人生的整个航程中,消极思维者一路上都晕船,无论眼前的境况如何,他们总是对将来感到失望。在消极思维者眼中,玻璃杯永远不是半满的,而是半空的。他们预期会得到人生中最糟糕的结果,而且事实也确实如此。

在工作中我们要不断调整自己的工作状态,特别是现在工作的压力越来越大。以下是职场人调整工作状态的八个小妙招,当你有需要的时候,不妨来试一试!

一是不要对别人说的话过于敏感。父母训斥孩子的时候,气到极点,有时不由得把孩子说得一文不值。但过后想想孩子还是有很多可爱的地方，由不得不去疼爱。父母这么爱孩子都难免贬低。所以，在职场中，别人说的什么过火的话，更不要在乎，他说他的，自己听到就行了。内心有自己对自己正确的评价就行了。

二是坦然面对别人的评价。生活中，值得学习的人往往是单位团体中那些看似无能的、弱小的人，很多有坎坷不顺的大多是强者。那些很弱小的人像小草，生命力很顽强，也很平常，生活得平平稳稳。自己是强是弱没有关系，关键是有一颗坦然自若的心。人与人应该相处得温馨祥和。别人不尊敬你的时候，就好像一棵大树，小虫在上面噬咬，小鸟在树叶上排便，小兔有时还在树根里做窝呢。有人不尊敬你，是很正常的自然现象。不要耿耿于怀，应保持自己快乐自然的心态。

三是不畏惧权势。职场中的朋友选择，不要在乎他的背景或自身是否有权有势。权势并不能带给你会心的微笑和人事的顺利。对领导和职工真心真意的赞扬，就是友谊的桥梁。工作是为了快乐和挣钱，真正的快乐来自于心灵的宁静。

四是努力做到随遇而安。有些原来是经理的变成了办事员，原来是科长的变成了副科长……一个人的得失其实都是福祉。从高往低，从低往高，交错重叠，不断向前。不要在脑海里萦绕这些事，自己是平平常常的小石子，放在哪都是一回事。

五是不要过于关注年终的先进或劳模。得个先进劳模，总需要付出看得见或看不见的心血。世上没有什么好事让一个人全部得完，不要只看到自己没得到什么。没得到，也不表示自己差劲；得到了，也不表示自己真的优秀。先进劳模只是墙上的馅饼，真正快乐充实的生活来自劳动。

六是不要耿耿于怀自己做错的事。人有时就算很小心很努力了，

也会犯低级的错误,有时还显得那么不可原谅。每个人是人,不是神,不是圣,因为自己不可能完美无缺,就会有这样那样的错事。有时说错了一句话,有时违背自己的心愿办错了一件事,这些都没什么。能挽回的就尽量挽回。不能挽回的就好好珍藏,使下次遇到这类的事,能顺利点。

七是心里有不愉快的事,不要独自琢磨。心理学研究表明,当人的心理处于压抑、烦恼和不快时,需要向人倾诉。有节制地发泄,把闷在心里的苦恼统统倒出来,这是保持心理健康所必需的。许多爱生气的人以为把不愉快的事情说出来会对自己不利,因而,即使对父母和最亲密的朋友都不愿倾吐自己的苦衷,而独自关在狭隘的感情圈子里冥思苦想。这怎么能不生气呢?俗话说,快乐有人分享是更大的快乐,痛苦有人分担就可以减轻痛苦。因此,如果你要生气的话,不妨找个亲朋好友,乃至陌生人谈谈,这大有益处。像日本的一些公司,就专门设置了老板的模拟像,供不满的职员们发泄。

八是不要认为自己在所有方面都最高明。有些爱生气的人就是害怕自己不如别人,想突出自己的努力和成就,但获得的往往都是痛心的失败,导致烦恼、不满、生闷气。这是没有必要的。因为,我们每个人的才智都是有限的,在一两个方面取得成就已经很不容易了,其他方面的成绩不低于一般水平也就可以了,何必处处要显示自己的高明呢?

爱生气的人需要确立正确的人生态度,不断开阔自己的胸怀,豁达大度,培养自己良好的个性,增加社会生活的适应能力,运用一些调整情绪的方法,使自己从不良情绪中摆脱出来。

把自我要求调整到最严

严于律己,是提高执行力的重要保障。《论语·子路》中,孔子说:"其身正,不令而行;其身不正,虽令不从。"这是说:当管理者自身端正,做出表率时,不用下命令,被管理者也就会跟着行动起来;相反,如果管理者自身不端正,而要求被管理者端正,那么,纵然三令五申,被管理者也不会服从的。

要想提高执行力,就要在现实生活中严格要求自己,做一个心中有成长目标的人。而设立目标的主要作用恰恰在于把自己从对现状的不满意中摆脱出来,并在心中产生一种力量,激励自己前进。能够发现工作的意义,就能发掘自身的价值。做一个敢于尝试、创新的人,成为别人眼里非常有潜力的人。

在工作中,要注意培养自己的综合素质,从思想认识上、业务及理论知识上努力提高。

一、虚心请教学习

在工作中需多向领导、同事虚心请教学习,要多与大家进行协调、沟通,从老同志身上学习吃苦耐劳的敬业精神,从充满活力的新同志身上汲取积极努力、奋发向上、勤奋工作的信心和力量。从大趋势、大格局中去思考、去谋划、取长补短,提高自身的执行力。

二、善于自我反省

必须提高工作质量,要具备强烈的事业心、高度的责任感。在每一件事情做完以后,要进行思考、总结,真正使本职工作有计划、有落实。尤其是要找出工作中的不足,善于自我反省。

三、善谋实干

爱岗敬业，勤劳奉献，不能为工作而工作，在日常工作中要主动出击而不是被动应付，要积极主动开展工作，摈弃浮躁等待的心态，善谋实干，肯干事，敢干事，能干事，会干事。

四、锻炼自己的听知能力

平时需多注意锻炼自己的听知能力。在日常工作、会议、领导讲话等场合，做到有集中的注意力、灵敏的反应力、深刻的理解力、牢固的记忆力、机智的综合力和精湛的品评力；在办事过程中，做到没有根据的话不说，没有把握的事不做，不轻易许愿，言必信，行必果。

坚决克服得过且过的心态

"做一天和尚撞一天钟——得过且过"，这是大家熟知的一句歇后语。然而，在很多企业和机关团体里，这句熟知的歇后语却演变成了很多人的对待工作的消极打工心态，致使个人执行力低下，工作不见成效。所谓得过且过，就是面对一些费神的工作或者自己不喜欢的任务，就会容易产生拖延的心态，认为事情到了最后总会被解决，于是不到最后一刻绝对提不起精神来处理。

有一个小和尚在寺院担任撞钟之职，按照寺院的规定，他每天必须在早上和黄昏各撞钟一次。如此半年下来，小和尚感觉撞钟的工作极其简单，倍感无聊，于是他就抱着"做一天和尚撞一天钟"的态度，应付差事。

一天，寺院住持忽然宣布要将他调到后院劈柴挑水，原因是他不能胜任撞钟之职。小和尚觉得奇怪，就很不服气地问住持："难道我撞的钟不准时，不响亮？"

住持告诉他："你的钟撞得固然准时，也很响亮，但是钟声空泛、疲软，没有感召力，因为你心中没有理解撞钟的意义。钟声不仅仅是寺里作息的信号，更为重要的是唤醒沉迷众生。因此，钟声不仅要洪亮，还要圆润、浑厚、深沉、悠远。一个人心中无钟，即是无佛；如果不虔诚，怎能担当撞钟之职？"

小和尚听后，面有愧色，无话可说，只好去劈柴挑水。

其实，在一些企业里、政府机关里，类似小和尚的人是大有人在的。职场上有相当一部分人"做一天和尚撞一天钟"，抱着混日子的态度来做事。

早晨的闹钟响了好多次，某公司的销售人员方军才从床上挣扎起来，一天的痛苦工作之旅就这样开始了。

早餐还没顾得上吃，方军便匆匆忙忙地赶往公司。跨入公司的大门时，他还是神情恍惚，坐在会议室睡意蒙眬地听着领导布置工作。

上午，方军被安排拜访客户，但出去时却忘了带客户需要的资料，结果遭到拒绝和冷遇，一笔订单被他搞砸了。这时他的心情简直糟透了，好像世界末日就要来临似的。

下午，方军回到公司，懒懒地坐在办公桌前给客户打着回访电话，心里却想着下班去哪里消遣，晚饭吃些什么。下班时填工作报表，他胡乱地写上几笔，便飞奔出公司。就这样，方军一天的工作结束了。

一年365天，一天24小时，一小时60分钟……方军就这样做

一天和尚撞一天钟，得过且过。他从不花时间学习，懒惰、思想消极，没有明确的目标和计划；从不反省自己一天做了些什么，有哪些经验、教训；从不认真研究自己的产品和竞争对手；从不用心去想一想在销售产品的过程中为顾客带来了什么样的服务和满足，顾客为什么会拒绝……这就是方军的真实工作写照。

到了月底结算工资，怎么这么少？真没意思，看来该换地方了，于是方军非常牛气地炒了老板的鱿鱼。两年下来，他换了五六个公司。日复一日，年复一年，时间就这样流逝了。结果方军是"三个一工程"：一事无成，一无所获，一穷二白！

什么样的心态造就什么样的人生，我们平时面对工作以什么样的心态去面对呢？一种人认为是在为老板打工，得过且过，做一天和尚撞一天钟，完成自己的工作就行了，有这种思想的人的职业生涯相信也不会有大的进步；另一种是做事业的心态，不单单把工作看做一种职业，而是看做自己的事业，相信这种人在完成工作的同时自己也在不断取得进步。

某位人力资源专家说："敲钟是小和尚的必修课，工作是企业员工的必修课，我们更应该深刻地反思我们为什么而工作？究竟是为了薪酬、理想和抱负，还是为了自己和企业的未来而工作呢？其实我们每个人不仅仅是为了自己的薪酬回报而努力，同时也是为了实现自己的理想，为了创造未来而努力。既然我们身置其中，那么就应该全力投入，就应该做好每一件事情。而绝对不应该以旁观者角色或是指指点点，或是牢骚满腹。"

我们每个人从事的工作其实就好比小和尚面前的钟，如何敲钟，如何干那份工作，大抵有三种态度：一是坐在钟前，人在心不在，想敲就敲，不想敲就不敲，属于自己的那一份工作，能混过去就尽量混，反正能拿到工资，不混白不混；二是人在神不在，每天按照规定，把钟敲响就行，把交给自己的任务草草完成就可以，至于质量如何，效果怎样不会想太多，任务之外的工作，更是看不见，懒得去动；三是人在心也在，把钟敲好，敲得能唤醒沉迷的众生，也就是想办法把工作做到完美，达到"没有最好，只有更好"，或者"努力超越、追求卓越"的程度，尽自己最大的努力，用自己的爱心、用自己的智慧把从事的工作干得很漂亮。

这三种表现里，我们当然最希望第三种能成为主流，因为只有这样，企业才能发展，民族才能兴旺，国家才能强盛起来。而要达到第三种境界，就需要让人人都能心中有"钟"！

尽管如今的竞争日趋激烈，但企业和组织机关里仍会有这样一些员工，他们对待自己的工作总是不能尽职尽责，而是抱着"混"的态度。得过且过，做一天和尚撞一天钟，上一天班拿一天工资，这样的打工仔心态，你真能"混"得下去吗？

试想，一个人抱着"混"的态度，如果让他去做一线工人，他一定得过且过、粗制滥造，做出的产品即使暂时合格，也不会是精品，这与企业的宏伟目标是格格不入、水火不容的。如果让他去看大门，他一定委靡不振，绝对不能代表企业形象。这样的人面临的命运就是下岗。

美国通用电气公司前首席执行官杰克·韦尔奇以优胜劣汰的原则把通用电气打造成著名的人才工厂。他曾经说，在一个卓越的企业里，有20%的人是卓越的，有70%的人是合格的，还有10%的人是一定要淘汰的。杰克·韦尔奇这样解释道，如果这10%的人不拿掉，对那20%的卓越人员和70%的合格人员是不公平的。他说的这10%的人就是那些抱着"混"的心态而又碌碌无为的人。杰克·韦

尔奇认为，让一个抱着"混"的心态的人下岗，不仅对企业有百利而无一害，而且对其本人也有一定的帮教作用。只有让他下岗或培训改造，他才可能真正意识到人为什么活着，人活着的真正意义是什么，他才可能摒弃打工心态，树立起主人翁的意识，提高自己的敬业精神。因此奋发图强、振作精神、务实谦学、追求进步、增长才华，做一个有用的人。

那些得过且过，做一天和尚撞一天钟的人，固然对企业和老板是一种损害，但长此以往，无异于降低自己的价值，使自己的生命枯萎，将自己的希望断送，使自己维持在一种低档次的生活水平上，过着一种庸庸碌碌、牢骚不断的生活，并因此而埋没了自己的才能，湮没了生命应该有的创造力。

因此，无论你从事什么工作，都要从根本上去除得过且过，做一天和尚撞一天钟的心态，以高度责任感和主人翁精神去热爱自己的工作，扎实工作。一个有主人翁精神的员工，站在一群得过且过的员工中间，自然鹤立鸡群，自然会得到重视，受到老板的重用并得到提拔。这也是我们走向成功的关键一步。

养成认真负责的良好习惯

执行力就是认真负责，不找借口，坚守承诺。认真是执行的灵魂。认真可以创造非凡，执行与认真负责的态度有关，与聪明没太大关系，认真第一，聪明第二。聪明人一辈子都在想超越别人的方法，认真的人一辈子都在做超越别人的事情。古人早就有言："天下大事，必作于细。"任何优秀品格都源于良好的习惯，任何人的成长进步，都是从做好身边的细微工作开始。如果说成长是一种历练，那认真无疑是其中最重要的因素。当认真成为一种习惯，生命的质量就在提升。

什么是习惯？习惯就是习以为常的惯性动作。习惯与职业有关，习惯与性格有关；习惯能决定成败，习惯甚至能决定人生；人的习惯事关重大，忽视不得。

"让认真成为一种习惯"并不是简单地体现在口头上的一种"豪言壮语"，而是应该真正贯彻在工作中的每一个层面上、每一个细节中。

首先，用心地对待每一项工作。"用心"是指工作态度层面上的要求。用心工作是一种工作态度、一种工作作风，也是一种工作境界。凡事用心就不难，用心做事往往能事半功倍。人生很多事情都是如此，成功者常常不是最具成功条件的人，而是用了心的人。不用心，就有可能把工作进行N次重复，没有一丝的反思、总结、拓展和创新，这样的人是最有可能被淘汰的。

其次，认真地做好每一项工作。"认真"是指工作落实层面上的要求。认真是一种力量，认真是一种习惯，它能深入到一个人的骨髓中，融化到一个人的血液里。认真就能很好地贯彻工作要求，认真就能做好工作中的每一个细节，就能尽可能少地减少工作中不必要的失误，提高工作的成功率。

如何认真做好每一项工作呢？一是通盘考虑，为每一项工作做好计划。要把工作做好，最基本的条件之一就是要对此项工作有一个整体的计划，在工作中按照计划去执行，那样工作才能做得到位，少出偏差。我们常常听到"思想决定行动"这个说法，其实计划的过程就是对工作很好的一次思考，这个思考过程往往是很周到、很细致的，会涉及工作中的方方面面。"磨刀不误砍柴工"，工作并不

会因为做计划而被耽误。

二是全身心投入，尽己所能做得出色。认真工作的另一个层面是工作时的投入程度，在工作时，我们应该全身心投入，绝不能在做事时表现出三心二意、缺乏韧性和毅力的糟糕状态，应该始终全力以赴，尽自己所能把每一项工作都做得出色。在工作中，许多人没有能把工作做好，做成功，往往不是因为他们能力不够，而是重视的程度不够，付出不够，投入不够。

三是关注工作中的每一个细节。"细节决定成败"这句话所体现的是对工作的一种专注、一种认真的劲儿。只有关注到了工作中的每一个内容、每一个步骤、每一个细节，我们的工作才有可能做得像我们在计划书中所预设的一样成功和完美。

认真很重要。不论大事还是小事，都要讲认真。把每件"小事"演绎得精彩就是做得精致，把简单的事做好就是不简单，把平凡的事做好就是不平凡。认真实际上是一种积累，也是一种收获。从认真做的每一件小事中，会积累到你所追求的大事的思维火花，因而也是十分宝贵的收获。

与养成认真负责的良好习惯相应的，是克服不良习惯。不破不立，不改掉不良习惯，追求卓越的好习惯是难以建立起来的。以下这几大恶习是你必须戒除的：

一是经常性迟到。你上班或开会经常迟到吗？迟到是使老板和同事反感的种子，它传达出的信息：你是一个只考虑自己、缺乏合作精神的人。

二是拖延。虽然你最终完成了工作，但拖后腿使你显得不胜任。为什么会产生延误呢？如果是因为缺少兴趣，你就应该考虑一下你的择业；如果是因为过度追求尽善尽美，这毫无疑问会增多你在工作中的延误。社会心理学专家说：很多爱拖延的人都很害怕冒险和出错，对失败的恐惧使他们无从下手。

三是对他人求全责备、尖酸刻薄。每个人在工作中都可能有失误。当别人工作中出现问题时，应该协助去解决，而不应该一味求全责备。特别是在自己无法做到的情况下，让自己的下属或别人去达到这些要求，很容易使人产生反感。长此以往，这种人在公司没有任何威信而言。

四是随大流。人们可以随大流，但不可以无主见。如果你习惯性地随大流，那你就有可能形成思维定式，没有自己的主见，或者即便有，也不敢表达自己的主见，而没有主见的人是不会成功的。

养成追求卓越的良好习惯

亚里士多德说："人的行为总是一再重复。因此，卓越不是单一的举动，而是习惯。"所以，在实现成功的过程中，除了要不断激发自己的成功欲望，要有信心、有热情、有意志、有毅力之外，还应该搭上习惯这一成功的快车，实现自己的目标。

有这样一个寓言故事：

一位没有继承人的富豪死后将自己的一大笔遗产赠送给远房的一位亲戚，这位亲戚是一个常年靠乞讨为生的乞丐。这名接受遗产的乞丐立即摇身一变，成了百万富翁。新闻记者便来采访这名幸运的乞丐："你继承了遗产之后，你想做的第一件事是什么？"乞丐回答说："我要买一只好一点的碗和一根结实的木棍，这样我以后出去讨饭时方便一些。"

可见，习惯对我们有着绝大的影响，因为它是一贯的，在不知

不觉中，经年累月地影响着我们的行为，影响着我们的效率，左右着我们的成败。

一个人一天的行为中，大约只有5%是属于非习惯性的，而剩下的95%的行为都是习惯性的。即便是打破常规的创新，最终也可以演变成为习惯性的创新。

根据行为心理学的研究结果：三周以上的重复会形成习惯；三个月以上的重复会形成稳定的习惯，即同一个动作，重复三周就会变成习惯性动作，形成稳定的习惯。

有个动物学家做了一个实验：他将一群跳蚤放入实验用的大量杯里，上面盖上一片透明的玻璃片。跳蚤习性爱跳，于是很多跳蚤都撞上了盖上的玻璃片，不断地发出"叮叮咚咚"的声音。过了一阵子，动物学家将玻璃片拿开，发现竟然所有跳蚤依然在跳，只是都已经将跳的高度保持在接近玻璃片即止，以避免撞到头。结果竟然没有一只跳蚤能跳出来——依它们的能力不是跳不出来，只是它们已经适应了环境，养成了习惯。

后来，那位动物学家就在量杯下放了一个酒精灯并且点燃了火。不到五分钟，量杯烧热了，所有跳蚤自然发挥求生的本能，每只跳蚤再也不管头是否会撞痛（因为它们以为还有玻璃罩），全部都跳出量杯以外。这个试验证明，跳蚤会为了适应环境，不愿改变习性，宁愿降低才能、封闭潜能去适应。

人类之于环境也是如此。人类在适应外界大环境中，又创造出适合于自己的小环境，然后用习惯把自己困在自己所创造的环境中。所以，习惯决定着你的活动空间的大小，也决定着你的成败。养成好习惯对于你的成功非常重要。

一位心理学家说："播下一个行动，收获一种习惯；播下一种习惯，收获一种性格；播下一种性格，收获一种命运。"

好习惯会使成功不期而至，培养下面的好习惯就是在追求卓越，就能终获成功。

一、积极思维的好习惯

有位秀才第三次进京赶考，住在一个经常住的店里。考试前两天他做了三个梦：第一个梦是梦到自己在墙上种白菜，第二个梦是下雨天，他戴了斗笠还打着伞，第三个梦是梦到跟妻子躺在一起，但是背靠着背。临考之际做此梦，似乎有些深意，秀才第二天去找算命的解梦。算命的一听，连拍大腿说："你还是回家吧。你想想，高墙上种菜不是白费劲吗？戴斗笠打雨伞不是多此一举吗？跟妻子躺在一张床上，却背靠背，不是没戏吗？"秀才一听，心灰意冷，回店收拾包裹准备回家。

店老板非常奇怪，问："不是明天才考试吗？今天怎么就打道回府了？"秀才如此这般说了一番，店老板乐了："咳，我也会解梦的。我倒觉得，你这次一定能考中。你想想，墙上种菜不是高种吗？戴斗笠打伞不是双保险吗？跟你妻子背靠背躺在床上，不是说明你翻身的时候就要到了吗？"秀才一听，更有道理，于是精神振奋地参加考试，居然中了个探花。

可见，事物本身并不影响人，人们只是受到自己对事物看法的影响，人必须改变被动的思维习惯，养成积极的思维习惯。

怎样才算养成了积极思维的习惯呢？当你在实现目标的过程中，面对具体的工作和任务时，你的大脑里去掉了"不可能"三个字，而代之以"我怎样才能"时，可以说你就养成了积极思维的习惯了。

二、高效工作的好习惯

一个人成功的欲望再强烈,也会被不利于成功的习惯所撕碎,而融入平庸的日常生活中。所以说,思想决定行为,行为形成习惯,习惯决定性格,性格决定命运。你要想成功,就一定要养成高效率地工作的习惯。

确定你的工作习惯是否有效率,是否有利于成功,我觉得可以用这个标准来检验:即在检省自己工作的时候,你是否为未完成工作而感到忧虑,即有焦灼感。如果你应该做的事情而没有做,或做而未完,并经常为此而感到焦灼,那就证明你需要改变工作习惯,找到并养成一种高效率的工作习惯。

下面这些做法可以帮助你养成高效工作的好习惯:

了解你每天的精力充沛期。通常人们在早晨九点左右工作效率最高,可以把最困难的工作放到这时来完成。

每天集中一两个小时来处理手头紧急的工作,不接电话、不开会、不受打扰。这样可以事半功倍。立刻回复重要的邮件,将不重要的丢弃。若任它们积累成堆,反而更费时间。减少回电话的时间。如果你需要传递的只是一个信息,不妨发个手机短信。

做个任务清单,将所有的项目和约定记在效率手册中。手头一定要带着效率手册以帮助自己按计划行事。学会高效地利用零碎时间,用来读点东西或是构思一个文件,不要发呆或做白日梦。对可能打来的电话做到心中有数,这样在你接到所期待的电话后便可迅速找到所需要的各种材料,不必当时乱翻乱找。

学习上网高效搜寻的技能,以节省上网查询的时间。把你经常要浏览的网站收集起来以便随时找到。用国际互联网简化商业旅行的安排。多数饭店和航线可以网上查询和预订。

只要情况允许就可委派别人分担工作。事必躬亲会使自己疲惫不堪，而且永远也做不完。不妨请同事帮忙，或让助手更努力地投入。

做灵活的日程安排，当你需要时便可以忙中偷闲。例如，在中午加班，然后早一小时离开办公室去健身，或是每天工作10个小时，然后用星期五来赴约会、看医生。

在离开办公室之前开列次日工作的清单，这样第二天早晨一来便可以全力以赴。

三、凡事有计划的习惯

有个名叫约翰·戈达德的美国人，当他15岁的时候，就把自己一生要做的事情列了一份清单，被称作"生命清单"。在这份排列有序的清单中，他给自己制作所要攻克的127个具体目标。比如，探索尼罗河、攀登喜马拉雅山、读完莎士比亚的著作、写一本书等。40多年后，他以超人的毅力和非凡的勇气，在与命运的艰苦抗争中，终于按计划，一步一步地实现了106个目标，成为一名卓有成就的电影制片人、作家和演说家。

中国有句老话："吃不穷，喝不穷，没有计划就受穷。"尽量按照自己的目标，有计划地做事，这样可以提高工作效率，快速实现目标。

四、养成锻炼身体的好习惯

计划习惯，就等于计划成功。如果你想成就一番事业，你就必须有一个健康的身体；要想身体健康，首先要有保健意识。

有一个大学教师，身体一直很健康。早些时候，他经常和朋友

在一起玩。在谈及个人身体状况时，他说肾部偶尔有轻微不适的感觉。朋友曾劝他去医院检查一下，但他自恃身体健康，不以为意。直至后来感觉比较疼痛，其爱人才强迫他去检查。诊断结果是晚期肾癌。虽经手术化疗等治疗措施，但终未能保住生命，死时才39岁。此前，他曾因学校分房、评职称不如意，心情一直抑郁，他的病和情绪有关，但如果他保健意识强，及早去检查，完全可以进行预防，消患于未萌。保健意识差，让他付出了生命的代价。

如何落实保健意识呢？一是要有生命第一、健康第一的意识，有了这种意识，你就会善待自己的身体、自己的心理，而不会随意糟蹋自己的健康。二是要注意掌握一些相关的知识。三是要使自己有一个对身体的应变机制：定期去医院做身体检查；身体觉得有不适的地方，应及早去医院检查；在有条件的情况下，可以请一个保健医生，给自己的健康提出忠告。

锻炼身体的重要性已经越来越多地为人们所接受，但很多人只停留在重视的意识阶段，而缺乏相应的行动。锻炼既要针对特定工作姿势所能引发的相应疾病有目的地进行，以防止和治疗相应的疾病；更要把锻炼当做一种乐趣，养成锻炼的习惯。身体锻炼，就像努力争取成功一样，贵在坚持。

除上述两点以外，注意饮食结构，合理膳食，以及注意养成好的卫生习惯等，都是养成健康习惯的组成部分。总之，健康是"革命"的本钱，是成功的保证。健康成就自己。

五、不断学习的好习惯

"万般皆下品，唯有读书高"的年代已经过去了，但是养成读书的好习惯则永远不会过时。

哈利·杜鲁门是美国历史上一位著名的总统。他没有读过大学，曾经营农场，后来经营一间布店，经历过多次失败，当他最终担任政府职务时，已年过五旬。但他有一个好习惯，就是不断地阅读。多年的阅读，使杜鲁门的知识非常渊博。他一卷一卷地读《大不列颠百科全书》以及查理斯·狄更斯和维克多·雨果的小说。此外，他还读过威廉·莎士比亚的所有戏剧和十四行诗等。

杜鲁门的广泛阅读和由此得到的丰富知识，使他能带领美国顺利度过第二次世界大战的结束时期，并使这个国家很快进入战后繁荣期。他懂得读书是成为一流领导人的基础。他的信条是："不是所有的读书人都是一名领袖，然而每一位领袖必须是读书人。"

美国前任总统克林顿说："在19世纪获得一小块土地，就是起家的本钱；而21世纪，人们最指望得到的赠品，再也不是土地，而是联邦政府的奖学金。因为他们知道，掌握知识就是掌握了一把开启未来大门的钥匙。"

每一个成功者都是有着良好阅读习惯的人。世界500家大企业的首席执行官至少每个星期要翻阅大概30份杂志或图书资讯，一个月可以翻阅100多本杂志，一年要翻阅1000本以上。如果你每天读15分钟，你就有可能在一个月之内读完一本书。一年你就至少读过12本书了，10年之后，你会读过总共120本书！想想看，每天只需要抽出15分钟时间，你就可以轻易地读完120本书，它可以帮助你在生活的各方面变得更加富有。如果你每天花双倍的时间，也就是半个小时的话，一年就能读25本书，10年就是250本！每一个想在35岁以前成功的人，每个月至少要读一本书，两本杂志。

六、谦虚的好习惯

一个人没有理由不谦虚。相对于人类的知识来讲，任何博学者都只能是不及格。

著名科学家法拉第在晚年时，国家准备授予他爵位，以表彰他在物理、化学方面的杰出贡献，但被他拒绝了。法拉第退休之后，仍然常去实验室做一些杂事。一天，一位年轻人来实验室做实验。他对正在扫地的法拉第说道："干这活，他们给你的钱一定不少吧？"老人笑笑，说道："再多一点，我也用得着呀。""那你叫什么名字？老头？""迈克尔·法拉第。"老人淡淡地回答道。年轻人惊呼起来："哦，天哪！您就是伟大的法拉第先生！""不，"法拉第纠正说，"我是平凡的法拉第。"

谦虚不仅是一种美德，更是一种人生的智慧。

七、自制的好习惯

任何一个成功者都有着非凡的自制力。

三国时期，蜀相诸葛亮亲自率领蜀国大军北伐曹魏，魏国大将司马懿采取了闭城休战、不予理睬的态度对付诸葛亮。他认为，蜀军远道来袭，后援补给必定不足，只要拖延时日，消耗蜀军的实力，一定能抓住良机，战胜敌人。

诸葛亮深知司马懿沉默战术的利害，几次派兵到城下骂阵，企图激怒魏兵，引诱司马懿出城决战，但司马懿一直按兵不动。诸葛亮于是用激将法，派人给司马懿送来一件女人衣裳，并修书一封说："仲达不敢出战，跟妇女有什么两样。你若是个知耻的男儿，就出来和蜀军交战，若不然，你就穿上这件女人的衣服。"

"士可杀不可辱。"这封充满侮辱轻视的信，虽然激怒了司马懿，但并没使老谋深算的司马懿改变主意，他强压怒火，稳住军心，耐心等待。

相持了数月，诸葛亮不幸病逝军中，蜀军群龙无首，悄悄退兵，司马懿不战而胜。

抑制不住情绪的人，往往伤人又伤己。如果司马懿不能忍耐一时之气，出城应战，那么或许历史将会重写。

现代社会，人们面临的诱惑越来越多。如果人们缺乏自制力，那么就会被诱惑牵着鼻子走，偏离成功的轨道。

八、幽默的好习惯

男人需要幽默，就像女人需要一个漂亮的脸蛋一样重要。美国第16任总统林肯长相丑陋，但他从不忌讳这一点，相反，他常常诙谐地拿自己的长相开玩笑。在竞选总统时，他的对手攻击他两面三刀，搞阴谋诡计。林肯听了指着自己的脸说："让公众来评判吧。如果我还有另一张脸的话，我会用现在这一张吗？"还有一次，一个反对林肯的议员走到林肯跟前挖苦地问："听说总统您是一位成功的自我设计者？""不错，先生。"林肯点点头说，"不过我不明白，一个成功的设计者，怎么会把自己设计成这副模样？"林肯就是用这种幽默的方法，多次成功地化解了可能出现的尴尬和难堪场面。

没有幽默的男人不一定就差，但懂得幽默的男人一定是一个优秀的人，懂得幽默的女人更是珍稀动物。

九、微笑的好习惯

微笑是大度、从容的表现，也是交往的通行证。

举世闻名的希尔顿大酒店，其创建人希尔顿在创业之初，经过

多年探索，最终发现了一条简单、易行、不花本钱的经营秘诀——微笑。从此，他要求所有员工：无论饭店本身遭遇到什么困难，希尔顿饭店服务员脸上的微笑永远是属于顾客的阳光。这束"阳光"最终使希尔顿饭店赢得了全世界一致好评。

在欧美发达国家，人们见面都要点头微笑，使人们相互之间感到很温暖。而在中国，如果你在大街上向一位女士微笑，那么你可能被说成"有病"。向西方人学习，让我们致以相互的微笑吧。

十、敬业、乐业的好习惯

从古至今，敬业是所有成功人士最重要的品质之一。敬业是对渴望成功的人对待工作的基本要求，一个不敬业的人很难在他所从事的工作中做出成绩。

与养成追求卓越良好习惯相应的，是克服不良习惯。以下这几大恶习是你必须戒除的：

一是怨天尤人。这几乎是失败者共同的标签。一个想要成功的人在遇到挫折时，应该冷静地对待自己所面临的问题，分析失败的原因，进而找到解决问题的突破口。

二是一味取悦他人。一个真正称职的员工应该对本职工作内存在的问题向上级说明并提出相应的解决办法，而不应该只是附和上级的决定。对于管理者，应该有严明的奖惩方式，而不应该做"好好先生"，这样做虽然暂时取悦了少数人，却会失去大多数人的支持。

三是传播流言。每个人都可能会被别人评论，也会去评论他人，但如果津津乐道的是关于某人的流言飞语，这种议论最好停止。世上没有不透风的墙，你今天传播的流言，早晚会被当事人知道，又何必去搬石头砸自己的脚？所以，流言止于智者。

四是出尔反尔。已经确定下来的事情，却经常做变更，就会让你的下属或协助员工无从下手。你做出的承诺，如果无法兑现，会在大家面前失去信用。这样的人，难以担当重任。

五是傲慢无礼。这样做并不能显得你高人一头，相反会引起别人的反感。因为，任何人都不会容忍别人瞧不起自己。傲慢无礼的人难以交到好的朋友。人脉就是财脉，年轻时养成这种习惯的人，相信你很难取得成功。

实：脚踏实地，埋头苦干

要提升执行力，就必须发扬严谨务实、勤勉刻苦的精神，坚决克服夸夸其谈、纸上谈兵的毛病。无论在企业管理还是在个人生活中都要如此。真正静下心来，从小事做起，从点滴做起。一件一件抓落实，一项一项抓成效，干一件成一件，积小胜为大胜，养成脚踏实地、埋头苦干的良好习惯。

服从是执行的基石

有这样一个问题：当上司安排一项任务让你执行时，你首先会表现出怎样的态度？

也许你不好意思说出答案，还是让我们一起讨论吧。有的员工会说："好的，我一定完成任务。"然后立即行动起来，投入到执行中去。有的员工会说："是让我做吗？好吧。"可能将任务放在一边，上司查核了才不得不做。有的员工会说："这样的工作我从没做过呀，小王这方面有经验，是不是让小王做？"如果推辞不掉，就接着寻找别的借口。

这三种态度，哪一种是正确的呢？在回答这个问题之前，我们先来重温一个耳熟能详的故事：1898年，美国准备对西班牙宣战，麦金莱总统认为赢得这场战争的关键是和古巴起义军合作，尽快同卡利斯托·加西亚将军即古巴起义军的领导人联络上。当时，加西亚将军正率部为独立而战，西班牙人正全力搜捕他，谁也不知道他确切的消息。

麦金莱总统召见了美国军事情报局局长瓦格纳上校，问到哪儿找一个信使能把信送给加西亚将军。瓦格纳上校推荐了一位年轻的军官——罗文中尉。一个小时之后，罗文来到瓦格纳上校跟前。"小伙子，"瓦格纳上校说，"你的任务是把这封信送给加西亚将军，他也许在古巴西部的什么地方……你只能独立计划并完成这项任务，它是你一个人的任务。"说完，瓦格纳上校和罗文握了握手，又强调说："把信送给加西亚。"罗文一个字都没问就走了，历尽险阻把信交给了加西亚，并将加西亚的回复转达给了麦金莱总统。

从罗文身上，我们能挖掘出很多优秀的品质，如敬业、忠诚、自动自发，这都是执行的要素。对于执行来讲，还有一种最基本的也是最重要的品质，那就是服从。当瓦格纳上校交代完任务后，罗文一个字都没有问，立即动身出发了，并出色地完成了任务，为赢得美西战争、解放古巴作出了重要贡献，他也被授予了杰出军人勋章。

现在再来看我们提出的三种态度，哪一种正确自然是不言而喻了。当上司安排给你一项任务时，你就应该干脆地说："好的，我一定完成任务。"也就是说，首先要服从，无条件地服从。这是一种责任，是对工作高度负责的表现。因为只有无条件地服从，你才会立即执行，也只有无条件地服从，才会斩断你推诿和拖延的想法。试想，当你第一时间服从并决定立即执行任务时，你还有时间琢磨怎样推诿甚至拖延工作吗？答案显然是否定的。

一旦树立起了无条件服从的责任意识，执行就会立竿见影，在这个讲究效率和速度的时代，还意味着抢占了先机，赢得了时间。

还是以罗文为例,如果他向瓦格纳上校问这问那,甚至抱怨任务的艰难,不情愿地接受任务后,又不竭尽所能去寻找加西亚将军,甚至在丛林里开起了小差,结果会是如何呢?那肯定会影响到麦金莱总统的决策,甚至贻误战机,改变战争的结局。

可见,服从是执行的基石,是执行的第一要素。而老板和上司赏识的也正是具备这种责任感的员工,把任务交给这样的员工,既放心,又省心。他会不找借口地执行,也会自动自发地把任务执行到底。主动服从显然是优秀员工必备的美德。巴顿将军的战争回忆录《我所知道的战争》里的一段话,正好印证了这一点:

"我要提拔人时常常把所有的候选人排在一起,给他们提一个我想要他们解决的问题。我说:'伙计们,我要在仓库后面挖一条战壕,8英尺(1英尺=0.3048米)长,3英尺宽,6英寸(1英寸=0.0254米)深。'我就告诉他们这么多。我有一个有窗户或有大节孔的仓库。候选人正在检查工具时,我走进仓库,通过窗户或节孔观察他们。我看到伙计们把锹和镐都放到仓库的地上。他们休息几分钟之后开始议论我为什么要他们挖这么浅的战壕。他们有的说6英寸深还不够当火炮掩体,其他人争论说这样的战壕太冷或太热。如果伙计们是军官,他们会抱怨他们不该干挖战壕这么普通的体力劳动。最后,有个伙计对其他人下命令:'让我们把战壕挖好后离开这里吧。那个老畜生想用战壕干什么都没关系。'最后,那个伙计得到了提拔。我必须挑选不找任何借口就完成任务的人。"

也许你会问,那个得到提拔的伙计有责任感吗?他竟然不管那个"老畜生"用战壕干什么!实际上,巴顿将军考核的也是士兵是否具备服从这种执行的要素,因为主动服从是执行的开始,也是完成任务的保证。况且,在仓库后面挖一条非常规的战壕,也不会形成什么恶劣的后果。但是，如果巴顿将军下一道明显错误的命令，比如让士兵互相开枪，那些伙计肯定会彼此问："老畜生是疯了吗？"并拒绝执行的，尽管服从命令是军人的天职。

同样，当上司安排一项任务让你执行时，你首先要服从，但这种服从是一种理智的服从，不是盲目的服从。也就是说，你执行的前提是，你的工作对老板和公司是有益的，如果你发现让你执行的计划存在着漏洞，你就应该勇敢地站出来与上司商榷。当然，也许在执行的开始你并没有发现任务的不可执行性，随着工作的开展发现不对的时候，也不要以不是自己的责任为由，将错误进行到底。因为上司也有规划不周的时候，也有思考的盲点。关于这一点，我们在后面的章节里将详细论述。

服从是执行的第一要素！真正的服从是一种理智的服从，不是盲目的服从！

"执行"二字高于一切

有人说："执行才是促成一个战略获得成功的真正关键因素。"培根也曾说过："好的思想，尽管得到上帝赞赏，然而若不付诸行动，无异于痴人说梦。"世界上的所有发明，都是在大胆的想象之后付诸行动而来的。张衡的地动仪，是在当时人们都嘲笑他，认为绝对不可能的情况下发明而成；哥白尼的"日心说"，若没有日复一日的观测记录行动，也无法创立。由此我们可以看出行动的重要性：只有行动，才能出结果。

有个农夫新购置了一块农田，可他发现在农田的中央有一块大石头。"为什么不铲除它呢？"农夫问。"哦，它太大了。"卖主为难

如何提升个人执行力

地回答说。农夫二话没说,立即找来一根铁棍,撬开石头的一端,意外地发现这块石头的厚度还不及一尺,农夫只花了一点点时间,就将石头搬离了农田。

也许,在一开始的时候,你会觉得坚持"马上行动"这种态度很不容易,但最终你会发现这种态度会成为你个人价值的一部分。而当你体验到他人的肯定给你的工作和生活所带来的帮助时,你就会一如既往地运用这种态度。

成功者知道执行就是一切,他们总有一种紧迫感,希望立刻把事情做好,这样的员工值得老板信任;而散漫者却任由时间流逝,不知不觉地进行着"慢性自杀",这样的人当然不能成功。下面这个故事足以向我们证明没有紧迫感的可怕。

把青蛙直接扔进沸腾的水中,青蛙的神经刺激反应很快,它会马上跳出来。反过来,如果把青蛙先放进温水中,再给水逐渐加热,直到沸腾为止,青蛙则会被活活烫死。水温过高,为了保全性命,青蛙会毫不犹豫地立刻跳出,所以青蛙在第一种情形下安然无恙。

但是,如果一开始把青蛙泡在温水中,它会忘乎所以地在水里游来游去,根本察觉不到水温在变化,神经系统反应也不灵敏,等发现异常时,已经奄奄一息,没有跳离沸水的力量了,只能坐以待毙。

这种情形也可能发生在人身上,很少有人能抵抗舒适环境的诱惑。当毫无紧迫感成为一种习惯,你将陷入水深火热之中。

忙碌的人不肯拖延,他们觉得生活正如莱特所形容的那样:"骑着一辆脚踏车,不是保持平衡向前进,就是翻覆在地。"效率高的人往往有限时完成工作的观念,他们确定做每件事所需的时间,并且强迫自己在预期内完成。即使你的工作并没有严格的时间限制,也应该经常训练自己。当你发现自己能在短时间内做更多的事时,一定会惊讶不已的！

如果你希望一件事能快速而圆满地完成，那么请交给那些勤奋而忙碌的人吧，那些懒散的人精于滥竽充数和偷工减料。大多数人并不了解自己处理事情的真正能力。他们不肯迎接每天的挑战，来激发自己最大的潜能。人们都知道，面对一件自己感兴趣的事情，无论多么繁忙都能腾出时间去做。但是，面对那些无趣的工作，我们总是轻易推脱，甚至有意无意地遗忘。

人生要想成功，就要一点一滴地奠定基础。先给自己设定一个切实可行的目标，确实达到之后，再迈向更高的目标，但关键是应该立刻动手去做。

如果你真的想要做到立即执行，就应该牢记以下两条：

一条是做任何事情都没有万事俱备的时候。"万事俱备"固然可以降低你的出错率，但致命的是，它会让你失去成功的机遇。期盼"万事俱备"后再行动，你的工作也许永远都没有开始。从某种意义上说，"万事俱备"只不过是"永远不可能做到"的代名词。

很多时候，你若立即进入工作的主题，便会惊讶地发现，如果拿浪费在"万事俱备"上的时间和潜力处理手中的工作，往往会绰绰有余。而且，许多事情你若立即动手去做，就会体会到其中的快乐。一旦延迟，愚蠢地去满足"万事俱备"这一先行条件，不但辛苦加倍，还会增加成功的难度。

有人讥讽地评判，说做事奢求"万事俱备"的人，是最容易被失败俘虏的人。你若希望自己能以"积极者"的形象在老板心中生根发芽，那么请赶快鞭策自己，摆脱"万事俱备"的桎梏，立即行动吧。只有"立即行动"，才能把你从"万事俱备"的陷阱中拯救出来。

另一条是最理想的任务完成期是昨天。作为员工，任何时候都不要期望工作的完成期限会按照你的计划而延后。成功的人士都会谨记工作期限，并清晰地明白，在所有老板的心目中，最理想的任务完成日期是昨天。这一看似荒谬的要求，却是保持恒久竞争力不可或缺的因素，也是唯一不会过时的东西。

特别是现今社会，商业环境的节奏正以令人炫目的速度快速运转着，大至企业，小至员工，要想立于不败之地，都必须奉行"把工作完成在昨天"的工作理念。

在企业里，一名执行人员可以在执行任务之前尽量了解事实的背景，但一旦接受任务后就必须坚决地执行。领导层的命令，有的可以与执行者沟通，讲清理由；有的不行，有一定的机密性，有时就需要做而不需要知道。

在实现目标的过程中，执行首先是第一位。第二，你要问清楚要你做事，可以提供的支持是什么。第三是你不管做成怎么样，必须把结果反馈回来。这点很重要，因为一个领导层，他的决策对不对，是经过实践来检验的。所以不管完不完得成，你也行动。

这个社会上的大多数成功者，他们之所以成功，不是因为他们有多少新奇的想法，而是因为他们自觉不自觉地进行着一项最有效的活动——执行，他们都有一个最大的特点："无知者无畏！"

看看那些当街叫卖的小摊小贩们，他们是优秀的执行者；看看街边小店忙里忙外吆喝的小伙计们，他们也是优秀的执行者；看看那些装修公司的项目经理们，每天跑十多个工地，与十多个客户洽谈，还要去分散在各处的装饰市场购买材料，他们是什么样的人？毫无疑问，他们具有最优秀的执行力。

执行，不找任何借口

实：脚踏实地，埋头苦干

一位老和尚，他身边有一帮虔诚的弟子。这一天，他嘱咐弟子每人去南山打一担柴回来。弟子们匆匆行至离山不远的河边，人人目瞪口呆。只见洪水从山上奔泻而下，无论如何也休想渡河打柴了。

无功而返，弟子们都有些垂头丧气，唯独一个小和尚与师父坦然相对。师父问其故，小和尚从怀中掏出一个苹果，递给师父说：过不了河，打不了柴，见河边有棵苹果树，我就顺手把树上唯一的苹果摘来了。

后来，这位小和尚成了师父的衣钵传人。

这个小和尚之所以能够成为师父的衣钵传人，就在于他能够做事情有结果。反观我们的企业里面，有多少人总是在抱怨，遇到困难就不停地找借口？企业就是企业，企业生存的根本目的只有一个，那就是持续赢利。所以，在企业里面，容不得任何的借口和抱怨。

工作就是要结果，没有结果，任何理由都没有价值。工作面前，只讲结果，不讲借口。这样做也许粗暴了些，但执行重要的就是行动，有行动不一定有结果，但没有行动注定不可能有结果！

很多人一直不理解外国的企业里怎么会流行"先开枪，后瞄准"这样的口号，在普通人的脑海中，一直都是要"先瞄准，后开枪"的。

但惠普前总裁卡莉给我们上了一课。她上任之后，做的就是"先开枪，再瞄准"。先开枪再瞄准的逻辑，就是强调：一个差的结果，也比没有结果强。所以，有行动能力的人，这种人永远都先做再说。不要找借口，先做再说。只有去做，我们才能在做的过程中找到成功的方法，企业需要的不是借口，而是结果。

不找借口，生活中你可以与热情为伴走向成功，亦可以抓住希望的翅膀继续飞翔；不找借口，遇到困难时不挖空心思编织花言巧语为自己开脱，而是义无反顾、积极主动地去面对。这样的我们将永远充满热情；这样，我们也就离成功越来越近。

很多时候，我们理想中的事情没有做成功，尝试到了种种失败、沮丧的痛苦，其实细细分析，你不难发现，这些没有成功的事情当中有一大部分是因为我们自己的拖沓、懒惰造成的。事情发生的时候，我们总是找出种种理由来蒙蔽、搪塞自己："哎，没有关系，来得及，明天吧"，结果在多少个明天后就明日复明日了，到头来万物皆空。猛然间醒悟，才发现借口是一种很糟糕的毒品，在享受过它的"好处"后，会让你第二次、第三次情不自禁地接近它，而随之换来的也就是个人心理的消极，事业、学业的一事无成。

不找借口，生活中的你比别人多了可以思考的时间，利用这个时间，你可以去精熟你的工作，去设想你的未来，去改正过去的错误。利用这些时间，你还可以养精蓄锐、蓄势待发。

不找借口，意味着你比别人多了一分成功的机会，意味着你可以全力以赴地做事，没有私心杂念；不找借口，意味着你可以更好地挖掘自身的潜力，做别人不能做的事情；不找借口，意味着你的生活从此没有对抗，只有一个目标，简洁明了。

不找借口，意味着你是一个成功的人。

不找借口，看似没有后路可退，看似缺乏人情味，但是它却可以激发一个人的最大潜能。无论你是谁，在生活中，无须找寻任何借口，失败了也罢，做错了也罢，让借口沉默，让我们从此与成功结缘！

勤奋工作，首先利于自己

在职场中，许多员工因为种种原因而变得犹豫不决。他们心中纵然有着要将工作做好，成为老板器重的员工的欲望，却不敢选择行动，真正动手去做。如此一来，只能令许多时间白白浪费，使许多成功的机会从身边溜走。

在很多人眼里，工作被看做是一种简单的雇用与交换关系："我只领这点工资，凭什么干那么多活。""我干的活对得起这些薪水就行了，多一点我也不干。""我只是在为老板打工，又不是为自己干，差不多就行啦。""公司给我薪水，我给公司打工，等价交换而已，那么认真干什么？"

抱着这种心态工作，人自然就很难有工作的激情与动力，做起事来也是消极散漫，工作成绩自不必提，很多升迁和加薪的机会总是远他而去。不懂珍惜、得过且过的心态，其实就是很多人工作一生却始终难以成功的真正原因所在。更深一层来说，问题的核心就在于，他们从来就没有认真地考虑过：我到底是在为谁工作？为什么工作？

请看下面一个真实的故事：

有一位老木匠，凭着精湛的手艺为公司效力多年，深得老板的青睐。后来，老木匠年岁已高，就准备和妻子退休回家，颐养天年，老板很是舍不得他。于是，他请老木匠为他做最后一件事——盖一所漂亮的木房子，并表示就当是帮他个人的忙。老木匠无奈只好应允。接下来，他全然没有先前工作那么用心了，干活时显得心不在焉，他也许正在考虑着退休后的悠闲日子呢。有些施工环节，更是出现了偷工减料、随意拼凑的现象，总之，他不再像先前那样用心做事

了。很快，老木匠草草完成了老板交给的任务。当他把这所木房子交给老板时，令他没有想到的是，老板对老木匠说："你为我干了一辈子的活，我也没有什么可送给你的，现在就把你最后建造的这所房子送给你，也算作我最后给你的报酬吧！"老木匠一时愣在那里，后悔自己当初没能尽心尽力建造这所最后的房子，没能对结构中一螺一钉用心用力。恍然中，他似乎明白了很多……

老木匠用一个令人尴尬、懊悔的经历，深刻领受了一个人生的教训：我们在为别人工作的同时，更是在为自己工作。

工作中，我们经常可以看到，有些人整天得过且过，敷衍了事。从不把心思放在工作上，更善于在老板面前装装样子。有些人看上去忙忙碌碌，却并不是真正在用心，只是用这种忙碌的假象来欺瞒众人。有些人见了责任就躲，不肯多做一点分外事。有些人无法面对挑战，自己给自己设限，认为自己这也做不了，那也做不成，稍微有些难度就先打退堂鼓。

实际上，无论你做什么工作，无论你面对的工作环境是宽松还是严格，你都应该严格要求自己，不要老板一转身就开始偷闲，不监督就不去工作。在工作中，只有你付出自己的努力，幸运的奖励才能落到你的头上，反之，你最后只有无奈地品尝工作失败带来的各种不利后果。

"我为别人工作，同时也是在为自己工作"，这个看似朴素的人生理念，能让我们心平气和地将手中的事情做好。当你的工作有了优异的成果时，当老板让你做更重要的工作时，你的工资自然会提高，你的物质报酬自然会增多，你还会因此赢得更多的社会尊重，接下来，成功大门将会自然向你敞开。

诚然，你的勤奋带给老板的是业绩的提升和利润的增长，而带给你自己的是宝贵的知识、技能、经验和成长发展的机会。当然,随着机会到来的还有财富。实际上,在勤奋中你与老板获得了"双赢"。

有人可能不以为然,老板就给了那么一丁点儿工资,怎么勤奋得起来?给多少钱,就做多少事!这代表了很大一部分人的观念,那就是习惯于用薪水来衡量自己所做的工作是否值得。其实,相对于工作所带给你的东西来说,薪水是微不足道的,至少可以说是有限的。

行动才会产生结果,行动就是成功的保证。如果你想成为一名深受老板喜欢的优秀员工,最好的选择便是立刻行动起来。或许,老板并不了解每个员工的表现,或熟知每一份工作的细节。但是一位优秀的管理者很清楚,努力最终带来的结果是什么。可以肯定的是,升迁和奖励是不会落在懒惰者身上的。

在工作中,我们也会经常听到"这份工作离不开我"、"这份工作非我不可,换人谁也做不好"。其实,这种观点也是相当有害并且十分荒谬的,它脱离了当今劳动力供过于求的实际。要知道,找一份工作并不容易,找一份自己称心如意的工作,更是非常困难;更何况,有能力、有才华的人到处都是,又何止你一人呢!

我们都应该感谢工作带给自己的好处:工作不仅能让我们赚到养家糊口的薪水,同时工作中的任务能磨炼我们的意志,拓展我们的才能。没有工作,我们寒窗苦读得来的知识,就无法得到展示;没有工作,我们长期培养的能力就无法得到提升;没有工作,我们就难以品味工作中的乐趣、享受工作带来的荣誉;没有工作,我们又怎能赢得他人的认可与社会的尊重。一旦失去工作这个舞台,生活将变得黯然失色,没有快乐和意义可言。

为了你自己，请珍惜手中的工作。莫要等到加入失业大军行列的时候，才要去改变自己的做人心态和做事方式。珍惜工作、努力工作的人才能真正体味：工作就是每个人真正精彩的人生舞台；珍惜工作，努力工作，命运才能牢牢掌握在自己手中。

机遇最钟情勤奋工作的人

在这个世界上，那些只想凭借与生俱来的天赋取得成功的人终归难有什么骄人的成绩。一名外国学者有如下的见解："伟大的作品来自天才的灵感，但是，只有辛勤地工作，才能把它变成现实。"

天下没有免费的午餐，任何人都要经过不懈的努力才能有所收获。收获成果的多少取决于这个人努力的程度。努力工作，迟早会得到回报的。如果你想既不付出又希望获得优厚的待遇，那么，在这个地球上，没有一家公司肯雇用你。

一些著名的大企业总是把勤奋刻苦、自觉执行作为对员工的最好教育。在一个公司里，并不是具有杰出才能的人才容易得到提升，那些勤奋刻苦、自觉执行并拥有良好技能的人也有更多的机会。而工作懒惰的人是绝对不会被重用的。因为由于懒惰，不但自己的工作做不好，而且还会影响别人。

勤奋使平凡变得伟大，使庸人变成豪杰。成功者的人生，无一不是勤奋创造、顽强进取的过程。一家知名公司的标语牌写有这样一段话：如果你有智慧，请你贡献智慧；如果你没有智慧，请你贡献汗水；如果两样你都不贡献，请你离开公司。

任何一家单位永远都需要勤奋进取的员工，因为公司需要稳步持续地发展。你的勤奋进取带给老板的是业绩的提升和利润的增长，而带给你的是宝贵的知识、技能、经验和成长发展的机会,当然,随着机会到来的还有财富。实际上,在勤奋进取中你与老板获得了双赢。

一位经理在描述自己心目中的理想员工时说:"我们所急需的人才,是那些意志坚定、勤奋努力、有奋斗进取精神的人。我发现,最能干的大体都是那些天资一般、没有受过高深教育的人,他们拥有勤奋不懈的做事态度和永远进取的工作精神。做事勤奋的人获得成功的几率大约占到九成,大概只有剩下一成的成功者靠的是天资过人。"

勤奋刻苦是一所高贵的学校,所有想有所成就的人都必须进入其中,在那里,人可以学到有用的知识、独立的精神和坚韧的习惯,等等。

勤奋是保持高效率的前提,只有勤勤恳恳、扎扎实实地工作,才能把自己的才能和潜力全部发挥出来,在短时间内创造出更多的价值。一个缺乏勤奋精神的人,只能观望他人在事业上不断取得成就,而自己却只能在懒惰中消耗生命,甚至因为工作效率低下而失去了谋生之本。

日本"保险行销之神"原一平,身材瘦小,相貌平平,这些足以影响他在客户心目中的形象,所以他起初的推销业绩并不理想。原一平后来想,既然比别人的确存在一些劣势,那只有靠勤奋——弥补它们。为了实现力争第一的梦想,原一平全力以赴地工作。从早到晚他一刻不闲地工作,把该做的事及时做完,最后摘取了日本保险史上"销售之王"的桂冠。

命运掌握在勤勤恳恳工作的人手上,所谓成功正是这些人的智慧和勤劳的结果。即使你的智力比别人稍微差一些,你的实干也会

如何提升个人执行力

在日积月累中弥补这个弱势。

华勒现在是某家建筑工程公司的执行副总,但在几年前,他是作为一名送水工被公司一支建筑队招聘进来的。华勒并不像其他送水工那样,把水桶搬进来之后,就一面抱怨工资太少,一面躺在墙角抽烟。相反,他热心地给每个工人倒满水,并在工人休息时缠住他们讲解关于建筑的各项工作。很快,这个勤奋好学的人引起了建筑队长的注意。两周后,华勒当上了计时员。

当上计时员的华勒依然勤勤恳恳地工作,他总是早上第一个来,晚上最后一个离开。由于他对所有建筑工作,比如打地基、垒砖、刷泥浆都非常熟悉,当建筑队的负责人不在时,工人们总喜欢问他。

一次,负责人看到华勒把旧的红色法兰绒撕开包在日光灯上,替代危险警示灯,以解决施工时没有足够红灯的困难,他决定让这个勤恳又能干的年轻人做自己的助理。现在,华勒已经成了公司的副总,但他依然特别专注于工作,勤勤恳恳,任劳任怨。

他时常鼓励大家学习和运用新知识,还常常拟计划、画草图,向大家提出各种好的建议,只要一有时间,他就想把客户希望他做的所有事做好。

华勒并没有什么惊世骇俗的才华,他只是一个贫苦的孩子,一个普普通通的送水工,但是他凭着勤奋工作的美德,幸运地被赏识,并一步步成长起来。没有什么比这样的故事更让人心灵震颤了,也没什么比它更能洗涤我们被享受和功利污染的心灵了。

要想成为优秀员工,你首先就要脚踏实地、埋头苦干,比别人付出更多,一个人获得的任何东西都是他事先付出的回报。你在付出时越是慷慨,你得到的回报就越丰厚,这是公平的游戏规则。身为公司的一员,你只有舍得多下工夫,比别人付出更多的辛苦劳动,为自己所在的企业或部门做出成绩。只有出大成绩，才能得到上司的嘉奖和赞扬，才能得到更多的提升机会，才能更进一步实现自己的梦想。

团队精神与个人发展

缺乏团队精神的个人执行力，力量有限甚至有害；拥有团队精神的个人执行力，则成为战无不胜的战斗力，无形中提升执行效率与效果。只有融入团队，拥有集体荣誉感的人，在执行上才能最大限度地减少阻力，获得有力的支持。因此，具有团队精神，在团队中拥有良好人脉，获得信赖的人，执行力也自然提升。

团队，是一个人生存的必要环境。每个人在社会上生存，都离不开各式各样的团队，小到一个家庭、大到一个单位，团队构成我们生活不可缺少的一部分。我们每个人与团队总是紧密联系在一起的，缺乏团队精神的支持，个人的发展不可能成功，个人的目标也难以实现；没有个人的首创精神，团队精神也会失去发展动力。每一个生活在社会舞台上的人，都必须扮演着团队中的某个角色。随着社会的不断进步，团队精神越来越被人们重视，并已经成为个人发展路程中必须具备的素质。

组织的团队精神包括四个方面：一是同心同德。组织中的员工相互欣赏，相互信任；而不是相互瞧不起，相互拆台。管理者应该引导下属发现和认同别人的优点，而不是凸显自己的重要性。二是互帮互助。不仅是在别人寻求帮助时提供力所能及的帮助，还要主动地帮助同事。反过来，我们也能够坦诚地接受别人的帮助。三是奉献精神。组织成员愿为组织或同事付出额外努力。四是团队自豪感。

团队自豪感是每位成员的一种成就感,这种感觉集合在一起,就凝聚成为战无不胜的战斗力。

个人的工作能力和团队精神对一个单位而言是同等重要的,只有谋求长远,才能共同发展,共同发展当然就包括个人的发展。大河有水小河满,大河无水小河干,脱离了团队,即使得到了个人的成功,往往也是变味的和苦涩的。一个人的力量总是有限的,每个人的成功都离不开集体的支持和他人的配合,可以说,如果没有团队精神的存在,人人都打自己的算盘,那么就无法使单位成为一个快速运转的体系,团队没有了更好的发展,个人更谈不到提高和收获。

一、团队精神为个人的发展提供了舞台

团队创造团队业绩,团队业绩来自于哪里?从根本上说,首先来自于团队成员个人的成果,其次来自于集体成果。一句话,团队所依赖的是个人成员的共同贡献而得到的实实在在的集体成果。这里恰恰不要求团队成员都牺牲自我去完成一件事情,而是要求团队成员都发挥自我去做好这一件事情。可以说团队为个人的发展提供了充分展示的舞台和空间。

团队目标的实现需要个人才智的发挥。作为团队的组成部分,每个成员都肩负着自己的责任,尽管岗位不同、职责不同,但作用不可或缺。只有每个人都充分发挥自己的主观能动性,完成好自己的分内工作,整个团队才能不断前进。当然,做好自己的本职、完成这些任务并非是一帆风顺的,这期间会遇到许多意想不到的困难。如果此时团队成员都只是被动地服从指令或因循守旧,而不发挥自身才智,主动寻求突破,那么这个团队将无法迅速作出应变,摆脱

困境。团队要想前进离不开每个个体的努力，只有每个成员都不断发挥自身潜能，全身心地投入自己的智慧和努力，才能推动整个团队目标的实现。

二、团队精神为个人的发展提供了帮助

团队的一大特色：团队成员在才能上是互补的，共同完成目标任务的保证在于发挥每个人的特长，并注重程序，使之产生协同效应。"尺有所短，寸有所长"，在工作中任何人都会遇到困难，而帮助你克服困难的多是你的同事和队友，团队为个人的发展提供了强大的人力资源。

"一滴水只有融入大海，它才不会干涸。"团队精神在我们的日常工作和学习当中至关重要，只有坚持把团队的利益放在第一位，充分听取、理解团队中其他成员的意见及建议，根据每一个人的岗位分工不同，尽量发挥每一个人的优势，才能更好地开展工作。唯有这样，才能有利于发挥每个人最强的力量，同时，每个人也可以用别人的长处来弥补自己的短处，取长补短，配合作战，才能更有利于任务的完成，更能体现自己的价值。没有完美的个人，只有完美的团队。就像我们常说的管理界中的木桶定律：一只木桶盛水的多少，并不取决于桶壁上最长的那块木板，而恰恰取决于桶壁上最短的那块木板，要想提高水桶的整体容量，不是去加长最长的那块木板，而是要下工夫依次补齐最短的木板。因此，我们在工作中，必须牢固树立团队意识，互相帮助、互相支持，通过合理的分工和有效的规划，共同进步，共同完成工作任务，通过团队的成功实现自己的人生价值。

三、团队精神为个人的发展提供了保障

全体成员的向心力、凝聚力是从松散的个人集合走向团队最重要的标志。向心力、凝聚力来自于团队成员自觉的内心动力，来自于共同的价值观，来自于对团队的心理认同，很难想象在没有展示自我机会的团队里能形成真正的向心力；同样也很难想象，在没有明了的协作意愿和协作方式下能形成真正的凝聚力。

所以说，凝聚力一是来自成员对团队的感情，只有每位成员都热爱这个团队，才能形成团队的凝聚力；其次是目标要一致，只有大家都有一个共同的目标，才能形成向心力和凝聚力；三是要有一个坚强有力的团队，要有合理严格的制度，进行规范的管理。要想实现以上这些条件，在团队建立初期就需要有一个好的领头人，这个领头人既要有较强的组织能力，而且还要有团结、引导各位成员的工作方法，使团队形成较强的凝聚力并将之维持下去，以期在团队中形成一种精神，这种精神我们通常比喻为"魂"，即该团队的精神。

在一个具有成熟组织文化的团队里，团队为我们提供条件，团队成员给我们帮助，大家互相协作完成工作。团队中的每一个人都能够充分利用资源，以团队利益为重，心往一处想、劲往一处使，才能实现团队发展，从而实现个人目标，而个人价值也才能在团队的发展中得到升华。

消除分内分外的界限

在工作中经常碰到这样的情况：同事向你请求帮助，或者上司安排你做一件超出你工作范围的事，你该怎么办？

也许你会理直气壮地说:"对不起,这不是我分内的事,我没有责任去做。"也许你会迫于情面或者压力,心不甘情不愿地敷衍了事地应付,出了问题还振振有词地推卸责任:"这本来就不是我分内的事,我不该承担责任。"当然,你也可能会作出与上面两种截然不同的决定,热情地为同事提供帮助,积极地去执行上司安排的额外任务。哪一种才是负责的态度呢?

莎拉是一位大公司的打字员。一天,其他人出去吃午饭的时候,有位公司董事路过他们办公室门口时停了下来,因为想起有几封信函要找。这本不是莎拉的本职工作,可她还是爽快地对董事说:"我并不知道这些信函的情况,不过,达斯先生,我会帮您处理好这件事情的。我会尽我所能,找到这些信函并尽快把它们放到你的办公桌上。"

当莎拉把董事所需要的信函摆在他面前的时候,董事的脸上挂满了笑容。

事情并没有到此结束。一个月后,莎拉被提拔到一个更重要部门的重要位置,而且工资也提高了30%。原来是前面那位董事,在公司的一个高层会议上为她作了推荐。

莎拉并没有因为董事要求的不是她分内的事而拒绝他。她勇于负责的精神感动了董事,董事才推荐了她,而公司高层最终通过,也是因为莎拉是一个具有高度责任感和值得信赖的人。所以,勇于承担分外的责任,才是正确的工作态度!才称得上是真正的负责!

对照莎拉,检讨一下自己,你是怎样做的?再看看你周围的同事,有多少人表现得像莎拉那样?也许你会发现,多数人只对自己分内的事负责,对同事表现出来的是一种"各人自扫门前雪,莫管他人瓦上霜"的冷漠,对上司表现出来的是一种故步自封的懒散和

执拗。

支持这些人不肯承担分外责任的动力，是他们认为会影响自己的本职工作，甚至会承担风险，他们的付出与收益不成正比。莎拉的例子证明这种观点是错误的。一个人只有表现出高度负责的精神，才会赢得老板的赏识和重用，而只对分内的事负责，只是一般的负责。一个人承担的责任越多，他彰显出来的价值就越大，所以他得到的回报就越多。

真正具有责任感的人，会自觉消除分内分外的界限，主动承担更多的责任和风险。研究发现，一个优秀的工作者是从以下五个方面来体现主动性的：

一是承担自己工作以外的责任；二是为同事和集体做更多的努力；三是能够坚持自己的想法或项目，并很好地完成它；四是愿意承担一些个人风险来接受新任务；五是他们总站在核心路线旁。核心路线是公司为获得收益和取得市场成功所必须做的直接的重要的行为，工作人员首先必须踏上这条路线，然后才能为公司作出贡献。

以上五个方面，有三个方面表明优秀的工作者必须要承担更多的责任。承担更多的责任，就意味着承担起分外的责任和面临着更多的风险。这是负责的延伸和升华。其实，真正具有责任感的人，从不以个人得失为工作的出发点，他们乐意为同事提供帮助，乐意接受新任务，因为他们信奉的宗旨是对同事负责就是对自己负责，对公司负责就是对自己负责。所以他们心中根本不存在分内分外的界限，只要是对公司有益的事，就负有不可推卸的责任，就应该积极主动地去做。而他们也比那些坚持只对分内的事负责的人更容易获得老板的赏识。

亨利和李尔是新进入公司的两名工程师，公司安排他们前六月上午听课,下午完成工作任务。

亨利每天下午都把自己关在办公室里,阅读技术文件,学习一些日后工作中可能用得上的软件程序,当有的同事手头忙请他暂时帮一会儿忙时,都被他谢绝了。他总认为那不是自己的责任,自己最关键的任务就是努力提高技术能力,并向老板和同事证明自己的技术能力如何出色。

李尔除了每天下午花三个小时看资料外,她把剩余的时间都花在向同事介绍自己和询问与他们项目有关的问题上了。当同事遇到问题或忙不过来时,她就主动帮忙。所有的办公室的 PC 都要安装一种新的软件工具时,每个工作者都希望能跳过这种耗时的、琐碎的安装过程,李尔由于懂得如何安装,她便自愿为所有机器安装这个软件,这使得她不得不每天早出晚归,以不影响其他工作。包括亨利在内的部分同事都把李尔看做傻瓜。

六个月后,亨利和李尔都完成了工作安排,他们的两个项目从技术上讲完成得都不错。但经理却认为李尔表现得更出色,并在公司高层管理人员会议上表扬了李尔。因为李尔善于为别人提供帮助,能够承担紧急的任务,也就是说能够主动承担更多的责任。

你现在明白了吗?你还在为推卸分外的责任而寻找借口吗?真正具有责任感的人,会自己消除分内分外的界限!主动承担分外的责任,是负责的延伸和升华!

停止抱怨,想想怎样执行

抱怨本身是一种正常的心理情绪,当一个人自以为受到不公正的待遇,就会产生抱怨情绪,所以几乎每个公司都能听到这样的

如何提升个人执行力

声音:"为什么老板总是让我干这样无足轻重的事情?""他们一点也不关心我,这算什么团队?""为什么又让我跟小张负责一个项目?还不如我一个人做。""什么时候老板才会想到给我加薪?"等等。

抱怨的人无非是宣泄心中的不快和不满,并期望得到一个满意的回答,来改变自己的现状。可实际上会怎样呢?

弗兰克大学毕业后进入了一家著名公司,他的同学和朋友都很羡慕,他扬扬得意地说:"你们就等着看吧,公司将会因我而改变,总有一天公司将会以我为荣。"他以为公司将会把他安排在管理岗位上,却没想到被安排到车间做维修工。维修工作很脏,很累,很不体面。干了几天弗兰克就开始抱怨:"让我干这种工作,真是大材小用!"于是开始藏奸耍滑,懈怠工作。三个月后,跟弗兰克一同进入公司的同学被提拔到了管理岗位,弗兰克得知后大惑不解,又开始抱怨:"老板为什么不重视我?我什么时候才能脱掉这身油乎乎的工作服?"后来他工作起来更加消极,以前偷懒还躲着主管,现在竟然当着主管的面开起了小差。

公司接到了一份很大的订单,只有开足马力生产才能完成。为此公司要求维修工对设备进行检修,并严阵以待,保证设备正常运转。弗兰克敷衍了事地应付,留下了隐患,导致在生产最忙碌的时候设备出了故障。经过全体维修工抢修,还是耽误了生产,延误了交货日期,公司为此遭受了损失。弗兰克却抱怨说:"都是设备老化,谁也无能为力。"

年底公司裁员,弗兰克被裁掉了。弗兰克还在抱怨:"为什么是我?"却没人再答理他。

虽然抱怨会减轻个人心中的不快和不满,但却不能使人朝着积极的方面发展,一个习惯将抱怨挂在嘴上的人,只会与成功渐行渐远，滑向失败的深渊。

实际上，有的人抱怨，确实是受到了不公正的待遇。对待这种情况，与其抱怨不休，不如通过合理的渠道解决，比如开诚布公地向老板或上司提出意见和建议，让领导重新审视当时的工作和条件，从而改变对你的看法；也可以置之不理，化愤懑为力量，努力做好工作，用优异的业绩引起老板或上司对你的再次关注，领导自然会对你作出公正的评价。而大多数抱怨的人，问题却是出在自身上。比如对自己的期望值过高，当现实与理想出现反差时，抱怨便自然产生了。这在那些初入职场的年轻人身上表现得最为突出。他们一腔热血，一身抱负，对自己充满自信，这是好事，但他们对职场现状认识不够。当今职场人才济济，那种凭仗一纸文凭就受企业礼遇的时代一去不复返了，况且，初入职场的人，企业一般都要放到基层锻炼。于是，难免产生"千里马难遇伯乐"的感慨，抱怨自己生不逢时。一时抱怨也是可以理解的，但是也应该及时转变态度，踏踏实实地工作。

更多的人抱怨是因看问题片面引起的。他们只看到事情消极的方面，所以抱怨在所难免。像弗兰克，当被分配做维修工时，他只认为自己不受重视，却没把这个看做是锻炼自己的机会。有句话讲：一屋不扫，何以扫天下？也就是说，小事都做不好，怎么能做大事？其实，任何平凡的工作，都能显示出一个人的不平凡。当你把平凡的工作做出不平凡的业绩来，老板还能不重视你吗？况且，在做这些工作的过程中，你会积累经验，提升能力，当让你负责重要任务时，你才不会错失良机。

更重要的是，抱怨是拖延的前奏。一个人一旦开始抱怨，自然会分散工作精力，如果陷入抱怨的深渊里，就会产生一种对抗的心理，

故意消极对待工作来宣泄自己的不满。这样，能及时完成的工作也寻找借口拖延，能完美解决的问题也留个小尾巴，刁难上司或同事。个人执行力的降低自然影响到团队的执行力，整个计划就不可能按时完成。抱怨的人，总认为自己是正确的，一切都是别人的错。这样他就不能及时改进工作方法，甚至死抱着自己的那一套不放，执行力自然得不到提高。

抱怨还是一种极易传染的毒素。当一个人喋喋不休地抱怨时，就会引起周围人的注意，一旦出现有同感的话题，就会瓦解别人的控制力，让别人也情不自禁地加入到抱怨中去。这样，抱怨就像流行性感冒一样在公司里肆虐，正常的工作氛围就会被搅得乌烟瘴气，大大影响组织的执行力。老板必然大力整顿，找到抱怨的导火索，毫不留情地清除。

然而，作为一种正常的心理情绪，产生抱怨也在情理之中。但不可任其肆虐，要加以控制，并最终消除这种情绪。第一步，当忍不住要抱怨时，你要闭紧嘴巴，默默地在心里抱怨；第二步，一旦心情好转，逼迫自己考虑工作，想想怎样执行才会尽善尽美。这样，你就会慢慢做到，当忍不住要抱怨时，自动考虑怎样执行任务，在无形中将抱怨的情绪化解。

可见，要消除抱怨，关键是态度的转变。当你认识到抱怨根本无济于事，你才会主动改变这种陋习。一旦不再抱怨，你的工作自然会大有起色。下面的这个故事，会坚定你停止抱怨的决心。

亨利非常不满意自己的工作，经常抱怨不休。一天他愤愤地对朋友说："我在公司里一点儿也不受重视，工资是最低的，老板还经常责骂我。我决定辞职不干了！"

朋友笑眯眯地说："你对公司的贸易情况熟悉吗？你对报关的手

续和技巧完全弄清楚了吗？"

亨利不屑地说："我懒得钻研那些东西。"

朋友说："我建议你把这些都搞明白了再辞职，这会对你有很大的帮助。"

亨利听从了朋友的建议，为了尽快把这些东西搞明白后辞职，他停止了抱怨，开始积极学习和工作。半年后，他又和那位朋友聚在一起。

朋友笑眯眯地问："你从那家公司辞职了吗？"

亨利摇摇头说："现在老板对我刮目相看了，给我加了薪，还委以重任，我决定留下来好好干。"

朋友得意地说："这种情况我早就料到了。"

你抱怨过吗？你现在还在抱怨吗？

当你忍不住要抱怨的时候，请闭紧嘴巴，然后想想怎样把工作做得更好！

指责别人的人最该受到谴责

现代公司分工明确又高度协作，一项计划一般需要很多人参与执行，即使一个人单独负责一个项目，也离不开别人的协作。于是有的人工作出现失误后，为了推卸责任而指责其他人。这显然是一种不负责任的行为，这种行为是可耻的，最该受到谴责。

指责别人无非是想找一个替罪羊，即使不能把责任全部推出去，也会让别人分担一部分，这是那些指责别人的人的初衷。所以他们就通过指责别人来转移老板及周围的人对自己的注意力，混淆视听，但能否达到目的，就另当别论了。其实，聪明的老板一般不会被假

象所迷惑，他们会调查清楚事情的真相，作出公正的处理。

约翰和戴维是一家速递公司的职员，而且是搭档。两个人工作一直很卖力。一次，两个人负责把一件大宗邮件送到码头。邮件是一件古董，很贵重，上司反复叮嘱他们要小心。

快到码头了，车突然坏了。戴维抱怨说："你出门之前怎么不把车检查一下，要是不能按时送到，我们要被扣奖金的。这可怎么办？"

约翰说："离码头也没多远了，我来背吧。等车修好，船就开走了。"

于是戴维帮约翰背起邮件，约翰一路小跑，终于在船未起航前赶到了码头。当约翰让戴维把邮件接下来的时候，戴维去看一只飞翔的海鸥，分散了注意力，没接住邮件，邮件掉在地上，古董被摔碎了。

两个人一时都愣住了，他们都明白古董碎了意味着什么，不但要赔偿损失，很可能会丢了工作。

戴维恼怒地说："你怎么搞的？我没接你就放手。"

约翰辩解说："我已经告诉你要接住。"

回到公司，老板对他们进行了严厉的批评。戴维趁约翰不注意，偷偷溜进老板的办公室，对老板说："老板，都是约翰造成的，我没准备好他就松手了，而且也不提前告知我。"老板平静地看着戴维说："谢谢你告诉我，我知道了。"

戴维离开后，老板又把约翰叫进办公室，询问事情的经过。约翰说明事情的原委，最后说："这是我们两个人的失职，我愿意承担责任。"

约翰和戴维提心吊胆地等待着公司的处理结果，结果出来后，两个人都很意外。

老板将他们俩叫到办公室，对他们说："公司一直对你们俩很器重，准备从你们两人中选择一个人担任客户部经理，没想到却出了这样一件事，让我们更清楚哪一个人是合适的人选。我们决定聘任约翰为客户部经理，而戴维，你明天不用来上班了，并且要赔偿客户大部分的损失。"

戴维惊讶地问为什么。老板严厉地说："其实，古董的主人看见了你们递接邮件的动作，他告诉了我事情的真相。更重要的是你们在我面前的态度。"

一味地指责别人，本质上是不想承担责任。后果更严重的是，会扰乱执行的正常进行。执行中出现问题，每个人只有勇于承担责任，快速解决问题，才不会中断执行，才不会造成大的损失。相反，如果大家相互指责，只顾着处心积虑地推卸责任，而把问题搁置一旁，一项计划就会在喋喋不休的指责声中流产。没有一个老板能容忍这样的行为。

为推卸责任而指责别人还会影响团队的团结。金无足赤，人无完人，每个人都有可能犯错。工作中出现失误，只要你勇担责任，急于改正，老板一般都会谅解。如果你企图靠指责他人而推卸责任，就会激起同事的不满和愤怒，甚至同事也会受传染而加入指责的行列，使本来融洽的同事关系变得僵硬，使富有凝聚力的团队成为一盘散沙。

如果你真的没有责任，全是同事的过错，也不要为了表现自己而指责别人。你应该向同事伸出援助之手，口气温和地提出建议，或者身体力行地帮同事解决问题，这对于计划的执行是有利的，这也是负责的表现。如果你确实负有不可推卸的责任，即使只有那么一点点，当别人指责你时，也不要以牙还牙指责别人，而应该承担起责任。

承认错误是勇担责任的开始

想想看,当你在工作中犯错的时候,你是如何应对的?有的人会说,我从没犯过错误。很好,不过这只代表了过去,谁也不敢保证以后不出一点差错。那你就应该提前思考一下这个问题。有的人会底气不足地说,承认错误,改正错误呗。实际上,这些人多数采取了沉默和观望的态度,不到万不得已时不开口承认错误,甚至百般抵赖,推卸责任。当然,也有人会诚恳地承认错误,斩钉截铁地说:"这是我的错!"

"这是我的错!"看似简单的一句话,从嘴里说出来却需要莫大的勇气。因为受传统文化的熏陶,犯错表示一个人不成熟,会显得一个人没能力,会被人抓住把柄,从而影响到加薪和晋升,甚至还会受到惩罚,所以一般人在承认错误这个问题上都显得很犹豫。然而,这样做的后果只会显得一个人不负责任,对自己和工作没一点好处。相反,诚恳承认错误,往往会获得老板的谅解,即使他嘴上责骂你几句,其实心里已原谅了你。因为聪明的老板总是坚持向前看,珍惜过去,更注重未来。一个人承认错误,就是勇担责任的开始。他会及时改正工作中的错误,为了减少损失而制订出更完善的方案,并在执行的过程中小心谨慎,避免再次犯错。

只要承认错误并勇担责任,错误就转变成了宝贵的财富。聪明的老板怎会惩罚这样的员工呢?

哈威有一次因失误错发给一名请病假的员工全薪。当发现自己的错误后,他立即通知那名员工,并解释说必须纠正这项错误,要在下个月发工资时减去这次多付的工资。那名员工说,如果这样做的话,他下个月的生活就难以维持了,因此请求分期扣除多领的薪水。但这样做必须经过老板的批准。哈威知道,这样做会使老板大为不满,但这都是自己的错误造成的,自己必须在老板面前承认。

哈威走进老板的办公室,如实向老板作了汇报。老板大发脾气说这应该是人事部的错误,但哈威解释是他的错误。老板又责怪哈威办公室中的同事,但哈威坚持是他的错。最后,老板惊喜地看着哈威说:"我刚才故意考验你,好,既然是你的错误,就按你的方案解决吧。"

问题就这样解决了。哈威没有回避,而是勇敢地承担了一切,从此老板更加器重他了。

我们再来看一个发生在美国克莱斯勒汽车公司的故事:

一位项目经理把辞职信交给艾柯卡,表示要对自己领导的项目失败而造成的100万美元的损失负责。但艾柯卡拒绝了他的辞职。他知道这位项目经理还会在汽车行业继续工作,于是说:"我不希望这100万美元的学费替别的汽车公司交上,把教训记下来,这是我们的财富。"这位项目经理被调到别的岗位上,继续委以重任。

"这是我的错!"——勇敢地承认错误吧。有些人拒绝认错,推卸责任,其实本意并不是这样,面对过失,他们优柔寡断,没有及时承认错误,后来发展到寻找借口,开脱责任。如果在第一时间斩钉截铁地说出"这是我的错",就会彻底粉碎那些不负责任的想法,积极承担起自己的责任。

查姆斯担任某收银机公司销售经理期间,曾面临着一种极为尴尬的局面:公司财务发生了困难,这件事又被销售人员知道了,他们都失去了工作热忱,销售量开始下跌。查姆斯不得不召集全体销售员开会。

首先,查姆斯请销售员挨个说明销售量下跌的原因。似乎是商量好的,原因几乎是一致的:商业不景气,资金缺少,人们都希望等到总统大选揭晓之后再买东西,等等。查姆斯生气地说:"停止,我命令大会暂停十分钟,让我把我的皮鞋擦亮。"然后他命令坐在附近的一名黑人小工友把他的擦鞋工具箱拿来,并要求这位工友把他的皮鞋擦亮,而他就站在桌子上不动,一直等到皮鞋擦亮,他给小工友一笔钱,然后发表演说:

"我希望你们都好好看看这位小工友,他拥有在我们公司擦鞋的特权。他的前任是位白人小男孩,年纪比他大得多,虽然公司每周补贴他五美元的薪水,但他仍然无法从本公司赚取足以维持他生活的费用。而这位黑人小男孩却能赚到相当不错的收入,既不需要公司补贴,每周还可以存下一点钱,而他和他的前任工作环境完全相同,工作对象也完全相同。现在我问你们一个问题,那个白人小男孩拉不到更多的生意,是谁的错?是他的错,还是顾客的错?"

销售员不约而同地回答:"当然,是小男孩的错!"

"那你们呢?现在推销收银机和一年前的情况完全相同,你们的成绩却在下滑,这是谁的错?"

"当然,是我们的错!"销售员异口同声地回答。

"我很高兴,你们能坦率地承认自己的错。我告诉你们,只要你们全力以赴,保证在以后的三十天内,每人卖出五台收银机,那本公司就不会发生财务危机了。你们愿意这样做吗?"

大家都说愿意,后来果然办到了。可见,一旦他们承认错误,那些他们曾经强调的借口,仿佛根本不存在似的,统统消失了;一旦说出"这是我的错",他们立即承担起自己的责任,想方设法努力完成任务,使公司摆脱了危机。

不可否认，有的人不愿说"这是我的错"，是抱着这样的幻想：只要我不承认，老板就不会那么容易把责任加到我头上，甚至随着时间的推移，说不定老板会忘了此事。你有没有想过，本来承认错误就能搞清的事，由于你的沉默却增加了执行的成本。老板会为此付出精力，整项计划甚至会因此被搁浅。你的沉默无疑是错上加错。当真相大白的时候，你再被迫说"这是我的错"，还有多少意义？还能显出你具有责任感吗？还能求得老板的谅解吗？显然不能！

工作中出现失误并不可怕，可怕的是掩藏错误，推卸责任。不要抱着侥幸心理，勇敢地说："这是我的错！"这是弥补过失、追求完美的必由之路，这是赢得尊严、提升品格的唯一选择。你明白了吗？

执行力需要从小事做起

要提高执行力，就必须真正静下心来，从小事做起，从点滴做起，注重细节。一件一件地落实，一项一项看成效，并在实干中不断总结经验与教训。争取干一件成一件，积小胜为大胜，养成脚踏实地、埋头苦干的良好习惯。

人们都有这样一种思想，只想做大事，而不愿意或者不屑于做小事，中国人想做大事的人太多，而愿意把小事做好的人太少。事实上，随着经济的发展，专业化程度越来越高，社会分工越来越细，真正所谓的大事实在太少，比如，一台拖拉机，有五六千个零部件，要几十个工厂进行生产协作；一辆福特牌小汽车，有上万个零件，需上百家企业生产协作；一架"波音747"飞机，共有450万个零部件，涉及的企业更多。

因此，多数人所做的工作还只是一些具体的事、琐碎的事、单

如何提升个人执行力

调的事，这些事也许过于平淡，也许鸡毛蒜皮，但这就是工作，是生活，是成就大事不可缺少的基础。所以无论做人、做事，都要从小事做起。一个不愿做小事的人，是不可能成功的。老子就一直告诫人们："天下难事，必作于易；天下大事，必作于细。"要想比别人更优秀，只有在每一件小事上比功夫。不会做小事的人，也做不出大事来。

在一个办公室员工的办公桌上，有许多办公用品：回形针、红蓝水笔、胶水……这个员工是知名大学的毕业生，以优异成绩考入一家省级机关。他胸中豪情万丈，一心只想鹏程万里。不料上班后才发现，每日无非是些琐碎事务，既不需太多智能，也看不出什么成果，心便渐渐地冷了下来。

一次单位开会，部门同人彻夜准备文件，分配给他的工作是装订和封套。处长再三叮嘱："一定要做好准备工作，别到时弄得措手不及。"

他听了更是不快，心想：初中生也会的事，还用得着这样嘱咐？就根本没理会。同事们忙忙碌碌，他也懒得帮忙，只在旁边看报纸。

文件终于交到他手里。他开始一件件装订，没想到只订了十几份，订书机"咔"地一响，针用完了。他漫不经心地抽开装订书钉的纸盒，脑中"轰"的一声——里面是空的。他立刻发动所有人翻箱倒柜，不知怎的，平时满眼皆是的小东西，现在竟连一根都找不到。

那时已是深夜十一点半，文件必须在次日八点大会召开之前发到代表手中。处长咆哮道："不是叫你做好准备的吗？连这点小事也做不好，大学生有什么用啊。"他低头无言以对，脸上却像挨了一掌。

几经周折，他在凌晨四点找到一家通宵服务的商务中心，终于赶在开会之前，将文件整齐漂亮地订好，发到代表手中。

没人知道，他已是彻夜未眠。事后，他灰头土脸地等着训斥，没想到平时严厉得不近人情的处长，却只说了一句："记住，工作面前，人人平等。"

这个员工说，那是他一生受用不尽的一句话，让他深刻地领悟到：用十分的准备迎接三分的工作并非浪费，而以三分的态度来面对十分的工作，将带来不可逆转的恶果。"因为，"他郑重地说，"千里马失足，往往不是在崇山峻岭，而是在柔软青草地。"

在通往成功的路上，真正的障碍，有时只是一点点疏忽与轻视，比如，那一盒小小的订书钉。

在今天这个社会，几乎所有的年轻人都胸怀大志，满腔抱负，但是成功往往都是从点滴开始的，甚至是细小至微的地方。如果不遵守从小事做起的原则，必将一事无成。

把每一个细节做精做细

我们常说要追求卓越，其实卓越就是苛求精细化的具体表现。卓越并非高不可攀，只要我们认真从自己做起，把日常的每一个细节做精做细，就可以达到卓越的境界。

从辩证的关系来看，任何事情都是由若干细节构成的，细节决定了事情的全部。如果不关心每一个细节，也就不会做好每一件事情。张瑞敏说："把每一件简单的事做好就是不简单，把每一件平凡的事做好就是不平凡。"海尔集团办公大楼的每一块玻璃都明亮清晰，这是因为员工每天都将玻璃一块一块擦拭。如果没有乐于做足细节的人，就不会有这样的结果。擦拭玻璃很简单，每天都这样来回地重复，如果做一天，对谁都非常容易，但如果是一年三百六十五天都这样，

那就是件很不容易的事了。做好每一个细节，对每个人来说，既是一种理念、一种素质的考验，也是衡量执行力的一项指标。

在工作中，没有一个细节细到应该被忽略。精细化时代已经到来，那些考虑细节、注重细节的人，将细节做透的人，往往能够从细节中找到机会，将工作做得更好。日本狮王牙刷公司的员工加藤信三就是一个活生生的例子。

有一次，加藤为了赶去上班，刷牙时急急忙忙，没想到牙龈出血。他为此大为恼火，上班的路上仍是非常气愤。

回到公司，加藤为了把心思集中到工作上，还是硬把心头的怒气给平息下去了，他和几个要好的伙伴提及此事，并相约一同设法解决刷牙容易伤及牙龈的问题。

他们想了不少解决刷牙造成牙龈出血的办法，如把牙刷毛改为柔软的狸毛；刷牙前先用热水把牙刷泡软；多用些牙膏；放慢刷牙速度等，但效果均不太理想，后来他们进一步仔细检查牙刷毛，在放大镜底下，发现刷毛顶端并不是尖的，而是四方形的。加藤想："把它改成圆形的不就行了！"于是他们着手改进牙刷。

经过实验取得成效后，加藤正式向公司提出了改变牙刷毛形状的建议，公司领导看后，也觉得这是一个特别好的建议，欣然把全部牙刷毛的顶端改成了圆形。改进后的狮王牌牙刷在广告媒介的作用下，销路极好，销量直线上升，最后占到了全国同类产品的40%左右，加藤也由普通职员晋升为科长，十几年后成为公司的董事长。

牙刷不好用，在我们看来是司空见惯的小事，所以很少有人想办法去解决这个问题，机遇也就从身边溜走了。而加藤不仅发现了这个小问题，而且对小问题进行细致的分析，从而使自己和所在的公司都取得了成功。

我们都很敬佩已故总理周恩来的胆识和谋略，但他那种关照小事、成就大事的本领，更值得我们这些凡夫俗子学习和借鉴。

当年，尼克松访华的时候就敏锐地发现，周恩来具有一种罕见的本领，他对一些事情的细节非常认真。因为他发现，周恩来总理在晚宴上为他挑选的乐曲正是他所喜欢的那首《美丽的阿美利加》。

后来，在来访的第三天晚上，客人被邀请去看乒乓球和其他体育表演。当时天已下雪，而客人预定第二天要去参观长城。周恩来总理得知这一情况后，离开了一会儿，通知有关部门清扫通往长城路上的积雪。

周恩来总理做事是精细的，同时他对工作人员的要求也是异常严格的。他最容不得"大概"、"差不多"、"可能"、"也许"这一类的字眼。有次北京饭店举行涉外宴会，周恩来总理在宴会前了解饭菜的准备情况时，他问："今晚的点心什么馅？"一位工作人员随口答道："大概是三鲜馅的吧。"这下可糟了，周恩来追问道："什么叫大概？究竟是，还是不是？客人中间如果有人对海鲜过敏，出了问题谁负责？"

周恩来总理正是凭着一贯提倡注重细节、关照小事的作风，赢得了人们的称赞。

生活其实是由一些小得不能再小的细节构成的，可我们总是倾心于远大的理想和宏伟的目标，总觉得那些微不足道的细节不过是秋天飘落的一片片树叶，无关紧要。我们总是忽略了不该忽略的细节，从而在接踵而至的事故面前穷于准备，忙于应付。

看不到细节，或者不把细节当回事的人，对工作缺乏认真的态度，对事情只能是敷衍了事。这种人无法把工作当做一种乐趣，而只是当做一种不得不接受的苦役，因而在工作中缺乏热情。而考虑

到细节、注重细节的人，不仅认真地对待工作，将小事做细，并且注重在做事的细节中找到机会，从而使自己走上成功之路。

诚信决定执行力

执行力不仅是一个战术层面上的问题，也是一个战略层面上的问题，它是一个系统工程，更是一门学问，它渗透到一个人深层文化意识的各个方面。只有优良的品质才能给执行力加分，在这方面，诚信则是第一位的，它决定着个人执行力的高低。

在实际工作中我们发现所有的工作中，尽管有制度、有措施，可是还有违章。究其原因，就是一个态度问题，一个做人是否诚实、做事是否认真的问题，做人要有一个做人的标准，做事也要有一个做事的原则。要时刻牢记执行工作，没有任何借口，要视服从为美德；无论在任何岗位，无论做什么工作，都要怀着热情、带着情感去做，真正做到诚信做人，勤奋做事。

诚信是立身处世的准则，是人格的体现，是衡量个人品行优劣的道德标准之一。正如孔子所说"言必信，行必果"，即"人无信不立"。只有诚信，一个人才会去为了实现自己的许诺而积极肯干；一个真正注重诚信的人或组织，在履约不能的时候，必定会慷慨地对自己失信的行为负责，及时地采取必要的措施弥补自己的失信造成受诺主体的损失。诚信是最高尚的人格力量。

何为诚信？许慎在《说文解字》中说："诚，信也"、"信，诚也"，二者在本意上是相通的。"诚"的基本含义就是诚实不欺，即不自欺，也不欺人，包含着真诚于自己和诚实地对待他人的双重规定。而"信"的基本含义是信守诺言，说到做到。诚信，既是一种个人的内在品质，又是主客体互动关系中的行为规范。中华民族素来守信重诺，上至王者的"君无戏言"，下至黎民百姓的"言必信，行必果"。

大家一定知道商鞅变法，立木为信的历史典故吧，商鞅奉秦孝公之命推行变法，然而开始困难重重，毫无执行力可言，为何？人不信也！于是商鞅于城门外立木赏金，一市井小民以举手之劳获得重赏，由此诚信立，变法得以推行，秦国走上了兴盛的道路。与此形成鲜明对比的是西周国王周幽王为博褒姒一笑，烽火戏诸侯，失信天下，在西戎进攻周朝都城镐京时，原本起信号传令作用的烽火丧失了执行力，无援兵救助而亡国。

中国古代卓越的政治家李世民曾说，以铜为镜可以正衣冠，以史为镜可以知兴替，以人为镜可以知得失。然而在当前的社会生活中，仍然充斥着太多的失信现象：从仿冒伪造到假烟假酒，从假账目假招聘到假文凭假公章假招标假政绩；从股市造假教授剽窃到大学生毕业后恶意不还贷；从跑道上的兴奋剂到足球场上的假哨假球……这一切无不蚕食着我们的社会公信力，进而影响到政府的执行力，影响到企业之间合作协议的执行力，企业内部决策的执行力！

在我们经历了长达十五年马拉松式的谈判正式加入世界贸易组织时，世贸组织的一位官员给了我们这样的忠告：中国加入世贸组织后，从长远看，缺的不是资金、技术和人才，而是诚信——或者说是信用，以及建立信用体系的机制。这是个受人尊敬的忠告，这个忠告，一语点中了制约我国经济社会发展和进步的软肋，点中了我们能否紧紧抓住21世纪头二十年重要战略机遇期的薄弱环节。

子曰："人而无信，不知其可也。"诚信是立身处世的准则，是人格的体现，是一个组织最可贵的品质。诚信之于执行力是万丈高楼

如何提升个人执行力

之柱基,是璀璨珠宝背后之钻石本色,诚信不一定能给一个企业带来辉煌,一个辉煌的企业却必定诚信。

在国内某企业的网站上看到这样的话:领导对群众讲诚信,就能得人心;企业对客户讲诚信,就能占市场;单位对职工讲诚信,就能增合力;上级对下级讲诚信,就能通和谐。

试问,一个不具备诚信品质的员工,哪怕他千般保证,你敢把重要任务交给他去执行吗?一个不具备诚信品质的领导,哪怕他拍着胸脯,你能够放心地去执行任务吗?一个不具备诚信品质的企业,哪怕白纸黑字担保画押,你敢把重要的订单交给它做吗?

具有较强执行力的人,诚信会体现在他的各个方面,从而使他具有正确的工作思路和方法、工作方式和习惯、熟练掌握工作和做事的相关执行工具,以及具有执行的做事风格与性格特质。

总之,我们要提升个人执行力,就要时时刻刻、事事处处体现出服从、诚实的态度和负责、敬业的精神。面对市场经济的大潮,我们要想立于不败之地,就必须要提高执行力,坚守诚信。诚信是最根本的品质,离开诚信,执行力无从谈起!

拿不准的事,问好再做

许多人在执行时有一个毛病:不管自己对事情有没有把握,说干就干,但是干出来的结果,往往很糟糕,小则吃力不讨好,大则给单位造成想象不到的损失。

说干就干,从不拖拉的角度讲,的确值得肯定,但永远要记住:就算是能力再强的人,也不可能对所有的事情都拿得准。心中有疑惑、不能确定的时候,千万不要自作主张,闷头就做。遇到问题,不妨先问一下，问明白了再做。

在一次培训中，一位主管讲了一件发生在她自己身上的事情：

毕业后，她做的第一份工作是在一家服装公司做销售。有一次，她联系了很久才争取到了一位客户。签合同那天她又兴奋又紧张，努力做好万全的准备，还带去了一些客户需要的工作服样品。没想到客户觉得样品很不错，签完合同后又决定再从她们公司订制一些衬衫。

这可真是意外之喜！

她痛快地答应客户，马上就回公司把衬衫的样品拿了过来。客户对衬衫也很满意，当场就敲定了款式和面料。

在报价的时候，她犹豫了一下，其实她对衬衫的业务不太了解，到底该报什么价格她也拿不准。可是因为不想失去这个单子，她就按照以前听同事闲聊时说过的价格报了上去。合同顺利地签了下来。

等她兴高采烈地回到公司，准备申请款项去买面料的时候，她才发现，客户订的面料实际价格竟然比自己的报价要贵了三倍！

这样一来，这个单子不仅没有赢利，反而给公司造成了损失。

可是合同已经签了，为了维护信誉也没办法再更改了，所以这笔损失只好由她自己来赔付。

这件事情对她影响非常大，从此她给自己总结出了一条必须遵守的工作准则：拿不准的事，一定要向有关领导、客户和同事去询问，问好了，一切都明白了，再开始去做。

因为迫切想要成交，这位女主管在"拿不准"的情况下自作主张，结果好事反倒变成了坏事。其实，打个电话问一下，也就是一分钟的事，这样的错误完全可以避免。

想想在工作中，我们是不是也曾经犯过类似的错误？拿不准的

时候，我们不愿意问，原因可能有几种：

一是觉得事情急，没时间问；

二是觉得没必要问，根本就不会有事；

三是不敢问、不好意思问，怕别人觉得你怎么连这都不懂。

这都是在给自己找不应该做的借口。你觉得没时间，打个电话花得了几分钟？你认为没问题，是不是就真的没问题？你不好意思，等到给单位造成损失了，你难道就觉得好意思？与其等到事后才来后悔，不如事先多问一问，一次把事情做到位。

不要在一件事上犯同样的错误

我们经常见到这样一类人：他们就像顽固的石头，同样的事情，一再犯错。这次做不好，下次还是做不好，上一次不到位，下一次还是不到位。就算是给他提醒再多次，也没有用。

为什么会出现这样的情况？因为他们不懂得固化和优化。

再次做的事情，一定要固化和优化之后再去做。固化，就是总结上次做这类事情的时候，好的地方是什么，再做的时候继续保留；优化，是指上次做的时候有什么缺点和不足，下次做的时候改进和避免。只有这样，才能一次比一次做得好，而不是低效率重复、一再犯同样的错误。

可能有些人会想："做事多了，自然就会成长起来的。你却要事前准备，事后还总结，这太费神了，有必要吗？"其实不然，这样做可以避免我们重复做无用工，可以提高效率，帮助我们把执行做到位。

海尔集团某部门经理逄春桂，在与日本S公司开交流会时发现，每次S公司的工作人员都会抱着一大摞资料来开会。他觉得很奇怪，这么多资料都能用得上吗？每次都不辞劳苦地把所有资料拿过来，这是不是有点多余？

但不久之后发生的一件事让他改变了想法。

在沟通时，海尔的一个工作人员提了一个问题，对方说这个问题早在一个月前去海尔交流的时候就已经回答过了。逄春桂吃了一惊，因为他知道回答问题的这位S公司职员上个月根本就没有参加会议。那么他是怎么知道上个月会议上沟通过哪些问题的呢？

经过了解，逄春桂才知道，那些被自己轻视的资料原来还真是有用的！那上面记载着这次项目的全部内容，详细到了每次沟通的地点、时间、参与人员、沟通内容，等等。一般人都会觉得很奇怪，为什么要这么做呢？这些都是每次参加会议的人写的报告总结起来的，不仅仅是将资料存档，还发给所有与此项目有关的工作人员。这样不管是谁来开会，都会对沟通过什么、沟通进行到了哪一步一清二楚。

能做到这一点实在是很了不起！它的好处不仅仅是信息传递的畅通，避免同样的问题重复沟通所带来的浪费，提高工作效率，而且这样对于了解对方重视什么、关注什么、最在乎什么都一目了然，那么再次交流或者谈判的时候，就能避免触碰对方的"雷区"，而重点解决对方关心的问题，这样一来，事情是不是就可以顺利很多？

有很多人都不会注意资料和经验的积累，总觉得这是浪费时间，或者是觉得即使不这么做也不会影响自己的工作。但事实却是，当经验经过先优化再固化后形成流程，可以为我们今后的工作节省时间，更可以让后人站在我们的肩膀上往前走，提高整个组织的工作效率。

如何提升个人执行力

我们都知道,周恩来总理本身就是一位极为出色的执行者,而他身边的那些工作人员大部分也都是非常优秀的执行者,这与周总理的要求和帮助是分不开的。

在纪东的《难忘的八年——周恩来秘书回忆录》中说,周总理很注意提高身边工作人员的执行水平,为此对他们提出了一些要求。例如要抓紧一切时间阅读各种书籍、资料来提高思想水平和综合分析能力,等等。在实际工作中总理的要求也很高,从不允许有半点敷衍、应付,"大概"、"可能"之类的回答是绝对通不过的。总理曾讲过,办任何事情,都要多问些情况,要想到有关的问题。这样,你们报告情况就主动了。他还要求下面的工作人员凡事要多联想、多设问。

有一年开春的时候,纪东收到有关部门报告后向总理汇报情况,说:黄河下游山东境内冰情严重,由于气温升高,形成的冰坝会严重阻塞河道,崩毁堤岸,冰水四溢,淹没农田,直接威胁人民生命财产安全。总理听后,立即要求他打电话给有关部门了解情况,弄清楚以下问题:冰情严重程度;重要冰冻地段;冰坝有多高,覆盖面积有多大;爆破冰坝的措施有哪些;如果用飞机投弹轰炸,空军方面落实没有,成功的系数有多少,失败的后果会怎样,进一步的措施是什么……纪东整整记了一页纸。

设身处地想一想,如果是我们处在纪东的位置,恐怕也不会想到关于这一个报告竟然还有这么多的问题要问清楚,很可能会被总理提出的问题如此详尽而吓一大跳。

但是,这给纪东做了一个很好的示范。第一次,纪东没有问具体情况的意识,在经过这一次的事情后,他再接到报告的时候,都会运用总理教给他的方法,尽量多想问题、多提问题、多综合分析,然后再汇报给总理。这就是优化。

再次做的事情，我们可以先考虑几个问题：

上次做的事有什么好的经验，下次可以继续用的？

上次做的事有什么地方不足，下次可以通过什么方法改进和避免？

上次做的事即使有的地方做得不错，还能不能再提高一下，下次做得更好？

有了这三条作保证，那么做任何工作，都很容易固化和优化，做到最好。

第一次做事想好再做

"我第一次做这种工作，出错也是难免的。"

"这种事情我过去从来没做过，当然不可能做好。"

这样的话我们是不是很熟悉？听起来，好像第一次的事做不好是理所当然的。实际上，这是在为自己的不负责任找借口。

谁说第一次做的事情就一定做不好？还是你根本就没有想过：正因为第一次做，以前没有经验，所以我才要想好再做？

有一位学员，是一位年轻的女孩，她的第一份工作是销售保险。她很幸运，进公司不久就谈成了一笔上百万的单子，只要她把保单送到客户那里，签好合同，交上保费，那这笔单子就算完成了。

对于她这第一笔业务，组长很慎重，教她怎么引导客户看合同，在什么地方让客户签字，有哪些事项需要注意，还有最重要的是如何使用移动POS机帮客户交保费。

移动POS机是一种可以方便快捷地用银行卡刷卡付账的设备，

因为体积小,携带起来也很方便,她们在外面签单的时候经常会用到它。

为了避免出意外,组长还特意交代她,不妨先跟同事现场模拟操作一下移动 POS 机如何使用。

虽然是第一次去签单,可她觉得这些步骤都很简单,根本用不着花时间模拟,于是就自作主张省略了这一步,直接去找客户了。

刚开始的时候一切都很顺利,可就在最不该出问题的地方出现了问题,POS 机打不出收费小票!

无论她怎么操作都不行,急得她手心里都冒出了冷汗,最后只得跟客户道歉,跑到外面给组长打电话求助,这才知道原来是少按了一个键。等她打完电话回来,客户已经改了主意,沉着脸告诉她:"我马上要开会了,下次再说吧。"

这下她彻底着慌了,连忙又给组长打电话。组长立即又给客户打电话,准备解释一下,然而,客户一句话就顶回去了:"你不用解释了,你们的业务员连最基本的操作都那么不专业,我怎么放心把这么大的保单交给你们公司?"

就因为她成单心切,高估了自己的水平,自以为十拿九稳,不肯在做事之前多花点时间做准备,这才失去了工作中第一笔大单子。

这位女员工对第一次做的事觉得很容易,不等想清楚、做好准备,就急急忙忙地去做,最后却在看似简单的地方栽了大跟头。

有些人也会犯这样的错误,事后又以"不是我能力不够,而是第一次做,没经验,所以错了也正常"或者是"第一次错了也没什么,下次做好就是"这样的话来当借口为自己开脱,然而机会往往不会给你第二次。

第一次做的事,正因为没有经验,所以才要想好了、准备好了再去做。而且，你没做过，并不意味着别人也没有做过，你完全可以向有经验的人虚心请教。

想好了再做，即使是第一次的事做起来也会有章法，不会出现因考虑不周全而出错的情况，这也是提高执行水平的一大妙招。

管好自己的工作

大多数管理者的日常生活可以用一个词来概括：劳碌。其实有效的管理者不是像"奴隶"一样工作的，而是更聪明、更灵活、更有效地工作，系统地、讲究方法地工作是把能力转化为结果和成就的关键。

一、时间与日程管理

有效的管理者总是会围绕自己的主体业务编排月工作计划（日程）、周工作计划（日程）与日工作计划（日程）的；他们总是能很好地区分事情的轻重缓急，并依自己的工作时间的多少来安排工作日程：依"重要且紧急——重要但不急——不重要但较急——不重要也不急"进行排序，从而让真正重要的事情较好地得到处理。

美国有一个人销售油漆时，第一个月仅挣了160美元。他仔细分析了自己的销售图表，发现他的80%收益来自20%的客户，但是他却对所有的客户花费了同样的时间。于是，他要求把他最不活跃的36个客户重新分派给其他销售员，而自己则把精力集中到最有希望的客户上。不久，他一个月就赚到了1000美元。

事实证明，学会抓住重点，首先解决重要问题，然后解决次要问题，由此，管理时间与日程。

二、授权与任务管理

有效的管理者很明白什么事情必须自己处理,什么事情应交由下属去处理,而自己只负责跟踪监督;有效的管理者还有一个特征是从来都不会轻易帮下属"做事",下属职责范围内的,经其本人思考和努力可以完成的工作一定要让他自己完成。从而让自己有更多的时间处理自己的重要事情,不至于因自己工作的延误而耽误部门的、下属的、同事的、上司的工作,使整个部门陷入恶性循环。

法国的拿破仑皇帝是很多人崇拜的英雄,他有一句名言说"替才能开路",这样的思想使得众多的人才云集他的麾下,成就了他的功业。范·弗利辛根是欧洲最富有的人之一,他的成功就在于,他懂得授权他人。他的用人观念是:相信"时势造英雄"——给属下造势,他们会发挥巨大能量,成为真正的英雄。在他看来,给下属一些权力,就会得到回报;让他们承担的责任很多,他们就会展翅飞翔。

由此可见,适当的授权是成功的一半,一个不论事无巨细都要亲自过问而不懂得授权的人,永远也做不了大事情。

三、抗干扰管理

有效的管理者总是能"善待"电话、手机、E-mail,能有效运用它们,但又不会让它们轻易干扰自己的工作,更不会成为它们的"奴隶",特别是自己在开会、在写方案时,不会让其干扰会场、打断思路。

四、会议与报告管理

有效的管理者善于利用会议与工作报告来布置工作、了解情况,并且从来不开无效会议和看无效报告。开会前,他们能做好会前准备;开会时,他们能控制会议时间、进程、气氛,他们能得出结论:什么问题、怎么解决、由谁负责、什么时候完成;会后会进行跟踪或要求及时回馈问题与情况。有效的管理者会要求所有报告与表报文件都应简洁明了(易看)、清楚准确(可信)、生动形象(易记)。

五、做好备忘录

有效的管理者会随身携带一本轻便的备忘录,随时把看到、听到、想到、接到的问题记录下来,然后依轻重缓急编排到工作日程里面去,从而总是把工作做得疏而不漏,如把自己的工作场所、文件资料、电子文件整理得井井有条,随时可以快速取出;再如把自己的经验、灵感、心得随时写到活页文件夹中归类保存,随时提取参考。

六、发挥助理或秘书的作用

有效的管理者能充分运用好自己的助手去进行工作跟踪、专案调查、工作稽查、收集整理信息、传达信息指令、文件资料整理等。

七、检查清单

有效的管理者会针对重复性的、规律性的工作设计一份份程序清单,到再次做这件事时,则拿出清单"按部就班",从而提高工作效率与效果。如:出差时用品清单,招聘时事项清单,现场巡查时检查清单等。

因此,我们可以得出这样一个公式:有效的工作方式=时间日程管理+授权与任务管理+意外干扰管理+会议管理……一切聪明有

效的工作方式。

管好自己的下属

管理者的执行力在管人方面有鲜明的体现，否则不可能成为真正有执行力的管理者。管人是件困难的事情，如果采用人盯人的方法就只能管一个人。其实，管人也可以很简单，那就是用岗位、任务、目标、预算、责任来管人。

首先是给每一个人一个合适的岗位，明确相关工作内容或任务；同时，清楚告知工作所要求的目标效果。还有就是在执行任何一项工作时都要求有预算计划。

人员的管理，除了上述方法让下属利用目标自主管理之外，上司适当的控制也是必需的。我们应把信任与监控放在一起来看待，两者是同时并存的；如果把信任与监控割裂开来，两者都走不远，最终都无法把管理工作做好。

调控下属的最终目的是提高下属的执行力。我们可以从以下几个方面提高下属的执行力。

一是明确负责人，并授权他调度一切。企业的每项工作都应确定一个具体的负责人，而且要给予该负责人足够的权力，否则，任务的指派人和责任人不能够形成统一，在任务的执行过程中就会遇到重重困难。

责任和权力是统一的，只有责任，没有权力，是无法完成好任务的。

二是将目标分解成每个人的任务。要提高下属的执行力，首先管理者要在制订目标、计划时注重科学性和可操作性，采取"派单制"和"布置作业"的方法,在下发目标和安排布置工作时向下属交代清楚,避免工作中的盲目性和随意性,从而有效提高执行效果。

其次,要建立科学的执行管理机制的观念。对工作目标和工作计划,要采取"切香肠"的方法,将年度目标分解到每月,每月分解到每周,每周分解到每天,各部门及时对公司目标计划进行层层分解,将目标分解落实到具体人。

三是盯紧每件事,关注"回报"。在下属完成任务的整个过程中,管理者应督促下属养成自动"回报"的习惯。在这里,"回报"并不是报答,而是"回去报告"的意思。我们常用"汇报"这个词,"汇报"和"回报"是有区别的,汇报是下属对上级的汇总说明。"回报"强调的是双向的、自动的沟通和反馈。通过下属与上级的沟通,上级可以及时全面地了解任务的完成情况;当下属工作出现问题时,上级可以指导下属不断地进行修正。

四是避免下属只报喜不报忧的行为。一些下属报喜不报忧、报忧难的问题相当突出。有的人在向上级汇报工作时,讲成绩、讲好的方面浓墨重彩,极力渲染,对问题和缺点则轻描淡写,讳莫如深,层层截留,大事化小,小事化了;有的对报忧的人横加指责,施加压力,甚至打击报复。这种做法,不仅妨碍了上级对真实情况的了解和掌握,容易形成误导,以致造成决策失误,而且贻误了解决问题的时机,使小矛盾变成大矛盾,小错酿成大祸,给企业造成重大损失。同时,也会诱发其他员工的投机心理,助长虚假之风,败坏企业风气。

分析一下您在工作团队中听到的汇报,听到的喜人事件与担忧事项所占的比率高于百分之八吗?您认为比率为多少属正常?当公司的总经理或各级干部由于决策失误,给公司造成损失甚至带来灾

实:脚踏实地,埋头苦干

难时,你们是如何处理的?

五是细化工作内容。我们通常可以用以下几种方法细化工作内容,去调控下属的行为,让我们的工作得到有效控制与开展。

工作日程:通过属员的工作日程安排表我们可以知道他要干什么,有什么没有干;工作日程安排与属员的工作职责和工作性质及规律是分不开的。

工作日志:通过员工的工作日志(日记)我们可以知道下属工作进度与工作结果;工作日志与工作日程往往是连在一起的。

工作表报:一是属员的工作结果的反映,二是属员执行工作的证明。

工作指令清单:一式两份,下属一份,助手跟踪一份,是布置与落实工作很有效的办法。

报备与回馈制度:可分为例行(周期性的、定时的)报备与意外报备,让你随时可以掌握工作的进展状况。

检查与稽查:百闻不如一见,你检查工作的过程,首先是发现问题与解决问题,其次是指导工作鼓舞士气,也还可以与工作布置连同在一起进行。

定期述职与考评:首先是把你对下属前一阶段工作状况的分析与评估(好的与不足的)回馈给下属,并提出改进要求;其次是提出下一阶段的期望(布置工作与明确要求及成长期望);最后是倾听属员的想法、期望、要求、建议,并提供相关的、必要的协助与支持。

管理制度:通过制定劳动纪律、工作规范来控制属员的工作行为。

越级指挥与上报:在必要时合理使用,可使属员在心理上产生微妙的变化,但不能滥用。

周工作会议:总结本周工作状况,布置下周工作,听取属员意见、想法、要求等。

总的来说，要提高下属的执行力，可以分五步走。第一，就是明确任务的负责人，并赋予他充分的权力；第二步，把目标分解成具体的任务；第三步，要求部下不断"回报"；第四步，采取措施避免下属只报喜不报忧的行为，倡导下属尽量地检讨疏失、检讨损害、检讨过错，弄清问题的真相；第五步，细化工作内容。

"管理"顾名思义就是管得有理，管得有理才能体现执行力。在这里需要树立一个正确的理念，这就是"要想管好下属先要管好自己"。想要别人尊重自己，先要自己尊重别人，也就是做人做好了，管理就到位了。如合理安排工作，以身作则，公正严明；制度化和人性化相结合；经常和下属沟通，多听听下属对工作及生活方面的意见；等等。

流程管事的内容和方法

不同的事情有不同的完成方法，要用到不同的管理工具。但无论任何事情的完成都有一个通用管理流程。如果说管人是领导管人，管事则是流程管事。流程管事的内容包括以下诸项。

工作任务：工作内容与工作量及工作要求与目标。

做事的目的：这件事情是否有必要（我亲自）去做，或做这件事情的目的或意图是什么。

组织分工：这件事由谁或哪些人去做，他们分别承担什么工作任务。

工作切入点：从哪里开始入手，按什么路径（程序步骤）开展下去，到哪里终止。

工作进程：工作程序步骤对应的工作日程与安排（包括所用时间预算）。

方法工具：完成工作所需用到的工具及关键环节策划布置（工作方案的核心）。

工作资源：完成工作需哪些资源与条件，分别需要多少。如人、财、物、时间、信息、技术等资源，及权力、政策、机制等条件的配合。

工作结果：工作结果预测，及对别人的影响与别人的评价或感受。

要注意的是，在制订方案之前必须弄清工作目标，即活动所需达到的指标或结果；制定政策，即工作开展的指导思想与行为准则（即可以怎样做，不可怎样做）；熟悉程序，即确切方式、行事方法及其时间或逻辑顺序与行为规划。

通过流程管事，通常可以关注下列方法。

一、限制选择法

贪图方便是企业顽症。我们很多人不喜欢按程序做事，怎么方便怎么来，结果经常犯错，使企业大量的时间和精力都放在返工和纠错上，大大增加了企业成本。限制选择法主张人们按规定的流程做事，放弃随意，避免犯错，降低成本，提升效益。规定就是约束，约束才会有效率。

为什么说约束出效率呢？以广州大桥为例。红绿灯一般设在交叉路口，是用来防止撞车的。但广州大桥的南端设了同向红绿灯。因为车是同向行驶的，相撞的可能性很小，所以此处的红绿灯显然不是用来防止撞车的，那它有何用处呢？

以前司机一过广州大桥就头痛，因为桥头的路面远比桥身的路面宽，桥头塞得一塌糊涂，而桥上却空空荡荡的没几辆车。现在广州大桥设了同向红绿灯，分批次放行，桥头马上不塞车了，行驶井然有序。上公共汽车也一样，你挤他也挤，车门口同时堵着四五个人，谁都挤不上去；提倡排队以后，大家一个一个上车，上车的速度反而快了。由此可见，当大家随心所欲，不受约束，都往前冲时，结果就是谁也上不去，效率低下；相反，在最初给一些限定，做一些约束，反倒会秩序良好。所以说，效率来源于秩序，秩序就是约束。

论定规矩，应该向我们的老祖宗孔子学习。孔子是最早懂得定规矩的。儒家讲"礼"，礼就是规矩。孔子定了很多规矩。中国社会这么多年了，还保持着一个文明古国的风范，这是孔子的贡献。一开始他就懂得定规矩，我们又把它坚持下来了，我们的人都被"标准化"了。所以，管理是从规定开始的，从标准开始的。管理就是规定，规定就是限制选择，让人没有选择余地。

举个例子，为什么物料怎么买要做规定？因为没有规定的话，采购员就会有很多选择：他今天下单可以，明天、后天下单也可以；他买500吨是对的，买100吨也可以，买105吨仓库照收不误；张三要他买他答应，李四要他买他也答应。这就会出问题：仓库的库存物料会无限上升，而车间急需的物料又严重短缺。很多企业的原材料之所以有大量库存，就是因为在购买物料方面太随意。谁都可以给采购员下单：老板可以下单，老板娘、老板的小舅子、厂长、车间主任、仓管员也可以下单，大家都随意，没有人去控制，最终仓库的物料就会越堆越多。所以，不能让员工太随意，必须限制他们，让他们的行为符合规定。没有选择的余地，事情才能被控制起来，改善才有可能。

二、横向控制法

有的领导管理往往比较粗放,不够细致。如何调动大家的积极性,减少对领导的依赖,让人们互相管理,少靠行政命令,多靠流程推动,这是横向控制法要解决的核心问题。

事情是横向发生的。以物资流动为例,从采购物料到物料入库,再到车间领料、生产。采购、仓库、车间是平行单位、平级部门,采购员不是仓库的领导,仓库管理员也不是车间的领导。物料是在平行部门之间流动的,事情是在平行部门之间发生的。所以,要懂得在平行部门之间建立管理和被管理的关系。

精益生产的重要思想就是流程管事,作业时不靠领导下命令,而是靠后工序下指令。每个工序所需要的零件都放在一个筐里,每个筐的旁边都有一张卡片,卡片上有零件的名称、规格、数量。这不是工序卡,工序卡是随着加工件从前往后流的;这个卡片是从后往前流的。后工序做完了,把某个筐里的零件用完了,筐上的卡片就交到前工序去了,前工序一看到这个卡片,就等于接到了生产指令,立即开始做。这个工序一做完,它的卡片又交给了后工序,由此拉动了整个生产。

三、三要素法

每个人都在做事,做了就算完成了任务。至于做得好不好、到不到位,却没人去管。这导致很多的管理活动发挥不了真正的作用,成了假动作。三要素法是解决这个问题的良药。

每一个有效的管理动作都必须具备三个要素:标准、制约、责任。也就是说,事情怎么做必须要有标准,要有规定;事情做得怎么样要有人检查,形成监督和制约;最后,事情做得好与坏一定要追究责任，好有奖，坏要罚。标准、制约、责任三个要素缺一个，都会让管理动作成为假动作。

如果做一件事情没有任何标准，也没有人去检查，也没有奖罚，这件事情就一定是失控的。所以，三要素法是分析失控的重要方法，也是建立控制系统的重要方法。没有标准我们就要建立标准，没有制约我们就要设检查的环节，没有责任就要搞奖罚。每个环节都要按这三个要素去做。它将任何一个管理动作都分解成如何做、谁检查、担何责等三个方面，并且规定下来。做的人和检查的人都按规定去做，既简便又实用。

四、分段控制法

"只管结果，不管过程"，是很多老板喜欢说的一句话。但你要的结果你得到了吗？绝大多数情况下，结果都是让我们失望的。所以，我们要控制过程，化整为零，一段一段地来控制。这就叫分段控制法。

如何分段控制呢？最好是月计划分解成周计划，周计划分解成日计划。划小时间单位，减少变化的可能，严格将事情控制住。很多好的企业都在车间里搞一个看板，那个看板上有小时产量。为什么搞小时产量？它就是把单位缩小。

比如说，一天八小时需要生产800台，那么，一小时至少要生产100台。如果一个小时只有80台，就表明这个产量不够，下一个小时就要紧张了。这里，不是以八个小时为准来控制，而是化成一个小时一个小时地来控制。控制单位缩小了，就出效果。

五、数据流动法

只凭感觉下结论、做决策，是我们很多企业管理人员的通病。

专门改变这种习惯的控制法,叫"数据流动法",可以帮助企业养成凭数据做管理的习惯。

有些企业的很多表单都存在浪费。一个来料检验报告,我们到底用它做了什么?无非做了一件事情——将来料分成了合格与不合格。其实来料检验报告还有很多其他用途。通过对来料检验报告进行一周的统计,形成周统计表,品管部可以在每周一次的品质例会上表扬或者批评相关采购人员的工作,让做得不好的采购员作出解释,对他施加压力,也可以对相关的供应商进行每周一次的量化评估。

在此,"数据控制卡"这种管理工具效果非常好。"数据控制卡"将每一个"考核数据"或"核算数据"来自于什么原始表单、原始表单需要经过怎样的统计处理、由谁传递给谁、最后怎样交到负责考核的人事部门或者负责核算的财务部门手中,都做了详细的描述,然后简单明了地画在一张小卡片上。大家从这一张张的小卡片上,一目了然地知道了数据是怎样提供、怎样传递、怎样统计的,对考核和核算起到了很好的作用。

六、稽核控制法

很多人尽管天天强调执行力,但在方案设计之初不考虑可执行性的问题,而是在生产过程中再去抓执行,这显然是头痛医头、脚痛医脚的做法。稽核控制法让管理者从人们抗拒执行的普遍心态出发,设计出"反复抓,抓反复"的方案,以提高执行的效果。

怎样才能改变人呢?一句话:反复抓,抓反复。管理大师张瑞敏说:"管理是一项笨功夫,没有一劳永逸的方法,只有深入细致地反复抓、抓反复,才能不滑坡、上档次。现在抓到了,水平达到10,放心,用不了多久肯定会下落到8,或者下落到6;再抓,下次回落的时候就不会掉那么多了；逐渐就会非常自然地达到较高水平。这就告诉我们：要想把模式建起来，把人改变过来，把业绩真正提起来，就要做好反反复复的心理准备。"

抓稽核就是在抓反复，稽核体系就是一个抓反复的体系，因为稽核就不是查一次，而是反复查，它是以你肯定要违反为前提的。在抓的过程中改变人，通过事情来改变人。所以，稽核体系有很大的作用。

做"稽核控制卡"这种管理工具，将谁负责稽核检查、稽核的要点、稽核的频次、稽核的责任追究，都写在这个小卡片上。让执行人和稽核人都知道，便于稽核的实施，效果很好。

培养较强的抗压能力

对于个人来说，压力即外界环境的变化和机体内部状态所造成的人的生理变化和情绪波动。压力的大小受到客观刺激强度和自身情况两个因素制约。

食不甘味、卧不安席或许是人们对于压力最直观的心理感受，但是并非所有压力都是洪水猛兽，它有时候也会给我们的生活带来良性作用。适当的压力让人们有机会去激发自身潜力，挑战自我极限，让我们每个个体的生活更加充实和丰富，进而推动社会前行。但是如果压力过大或者持续时间过长的话，健康就会受到很大影响，出现焦虑情绪甚至更为严重的生理、心理问题。

如果你的抗压能力比较弱，当事情出现太快或多种事情同时出现的时候，你就会感到非常焦虑。你会整晚睡不着，担心工作中可能面临的危机。你更喜欢那种每天让你了如指掌的工作。

如果压力长期存在得不到缓解、处理不当，会导致多种身心疾病的出现。有专家指出，精神紧张、沮丧、没有安全感、生活没有目标，这些都是最有杀伤力的心理压力。心理学研究已经充分表明这些压力容易引发偏头痛、胃溃疡、高血压、抑郁、精神疾病，甚至自杀。一些学者的研究还证明，过大的心理压力和癌症、心脏病的发作有着密不可分的关系。世界卫生组织将工作压力造成的危害列作"世界范围的流行病"。

那么，我们如何来应对压力呢？

一、用乐观的心态拥抱压力

一个女儿向父亲抱怨她生活中的种种不如意。父亲把女儿带进厨房。他在三只锅里各倒入一些水。水烧开后，他在不同的锅里分别放入胡萝卜、鸡蛋和咖啡豆。过了一会，父亲让女儿用手摸摸胡萝卜，她注意到胡萝卜变软了；父亲又让女儿把鸡蛋壳剥掉，她看到了一只煮熟的鸡蛋；最后，父亲让她品尝了香浓的咖啡。

女儿迷惑不解，父亲娓娓道来，其实这三样东西面临同样的压力——煮沸的开水，不过它们的反应各有不同。入锅前坚硬、不示弱的胡萝卜进入沸水后，变得柔软而脆弱；鸡蛋似乎是最不堪一击的，不过经过沸水的洗礼，薄薄外壳下的鸡蛋变得坚强而柔韧；粉状的咖啡豆也很独特，进入沸水后，它们不但没有改变自己的味道，而且还改变了水。当生活中的压力找上门来时，你是胡萝卜、鸡蛋，还是咖啡豆呢？

其实很多时候，我们的感受在决定着生命的含义，态度决定了我们每个个体的生活体验。不同的态度决定了每个人采取的压力处理方式不同。有些人以积极乐观的心态拥抱压力，他们将压力转化为前行的动力，实现完美转身；有些人却自怨自艾、执迷不悟，陷入压力的泥潭而无法自拔。

一管理学家说过：人生活在世界上，每天都像动物一样在大草原上猎食。有时丰收，有时失败。有时自己跌倒，有时看到别人跌倒。但是这其中最大的不同，就在于这个人多快才能站起来。

这个世界上没有绝望的处境，只有对处境绝望的人。

二、工作中有韧性

韧性是指能忍受挫折和压力，并对情绪和心态进行有效自我调整的心理特性。有韧性就能够在恶劣、艰苦的情况下，克服外部和自身的困难，坚持完成任务，在对自己很不利的情况下坚持目标和自己的信念。

意志坚定、全力以赴、有奋斗进取精神的人，在任何一家企业都会受到欢迎。不难发现，最能干的几乎都是那些天资一般、也许没有受过高深教育的人，他们拥有全力以赴的做事态度和永远进取的工作精神。做事全力以赴的人很容易取得成功。一个人既具备忠诚又拥有韧性的话，他在企业里立足是不成问题的。一个人有决心固然好，但有时会因力量不足、能力有限而进展缓慢，因而只有借助韧性，才能一步步靠近胜利的目标。韧性首先表现为一种坚强的意志，一种对目标的坚持。对有把握并确定好了的事，不管遇到多大的困难，总会想方设法去做好。例如走在荒漠、戈壁里，要是没有走出去的信念和意志，要是没有咬紧牙关挺下去的韧性，任何人都无法生还。

韧性在工作中更多地表现为能够保持良好的体能和稳定的情绪状态。当处于巨大压力或在工作中产生消极情绪时，能够运用某些

方式消除压力或消极情绪，避免悲观情绪影响自己和他人，这些并不是人人都能做到的。

美国石油大王约翰·洛克菲勒年少时，因为家庭比较贫困，他决定去找一份工作以养家糊口。他想进入一家大企业工作。他早出晚归，很执著地去一些他认为会录用他的企业应聘。但是没有一家企业愿意聘用他。不聘用他的理由都是没有工作经验，年纪太小。找工作的日子是艰辛的，他不记得被多少企业拒之门外了，虽然如此，他并没有心灰意冷，他决定继续找下去。越是受到挫折，反而使他找工作的决心越坚定。

最后，他走进一家从事农产品运输代理的公司，负责人仔细看了他写的字，然后说："留下来试试吧。"并让洛克菲勒脱下外衣马上工作，但是没有提工资的事。过了三个月后，公司才补发了一笔钱给他作为工资。这笔钱很少，但是洛克菲勒很珍惜他这份工作。这是他人生中找到的第一份工作。这是他历经千辛万苦才找到的工作，他很珍惜。后来，他回忆当时自己找工作的情形，还是很受鼓舞。

有很好的梦想，但不去努力，梦想不会成真。相比洛克菲勒遇到的挫折，也许我们幸运得多。但现实生活中，很少有人在找工作时，在推销自己的想法或产品时，会在遇到无数次的拒绝后依然不心灰意冷并坚持下去。拒绝本身并不可怕，可怕的是碰到几次挫折就沮丧万分，不思进取——这样的人根本不可能成功。

三、运动释放"快乐激素"

美国的最新一项研究揭示，运动不仅确保身体健康，还有利于人的精神卫生、缓解生活压力、让人保持平和的心态。它可以驱除压力，提高自信，改善情绪。美国总统小布什每天早晨都坚持慢跑；

俄罗斯总理普京的减压也有秘诀，他最喜欢运动。

神经内科专家介绍说，从心理学角度来讲，运动对于人的情绪具有良好的调节功能。在运动过程中，个体能量通过合理的方式得以宣泄，这样分配到负担情绪的能量相对就少了。

情绪的好坏与大脑内分泌出来的内啡肽的多少相关。运动本身可以促进人体的内分泌变化，刺激内啡肽的分泌。它被美誉为"快乐激素"或者"年轻激素"。而身心愉悦的状态有助于人们排遣压力和不快。医生们在治疗抑郁症患者时也往往鼓励他们进行适量的锻炼。

四、倾诉间，压力灰飞烟灭

当压力出现后，发泄和逃避都不是解决问题的适当途径，酗酒、抽烟、纵情声色更不足取。用倾诉的方式把压力释放出来是一个重要的舒压方法。弗洛伊德就曾经说过，每个人都有一个本能的侵犯能量存储器，在存储器里，侵犯能量的总量是固定的，它总是要通过某种方式表现出来，从而使个人内部的侵犯性减弱。

倾诉能让人的侵犯能量释放出来，倾诉不仅可以实现情感宣泄、心灵交流，而且这个过程本身也是心理审视和心理调整的过程。在交流的过程中，也许你会发现，压力未必有想象中的那么大，生活并不像你想象的那么悲观，你还可以有更多更好的选择。当你将工作中的压力抒发出来的时候，你会得到人们的关爱、回应和鼓励，甚至会给你提出一些建设性的意见，这样，压力自然就会慢慢化解了。

专家们认为，除了倾诉，哭泣也有助于排除不良情绪、缓解生活压力。哭泣不仅是人类纯真情感的爆发，它还有助于释放体内积聚的神经能量、排出体内毒素、调整机体平衡，从而达到缓解压力

的效果。

心理学家曾给一些成年人测验血压,然后按正常血压和高血压编成两组,分别询问他们是否哭泣过。结果表明,87%的血压正常的人都说他们偶尔有过哭泣,而那些高血压患者大多数回答说几乎从不流泪。由此看来,让情感自由抒发出来要比深埋内心有益得多。

提升执行力贵在求真务实

所谓"求真",就是"求是",也就是依据解放思想、实事求是、与时俱进的思想路线,去不断地认识事物的本质,把握事物的规律。所谓"务实",则是要在这种规律性认识的指导下,去做、去实践。坚持求真务实,是提高个人执行力的本质要求。一个人只有保持积极的工作态度,求真务实,心无旁骛,干一行、爱一行、专一行,才能在平凡的岗位上创造出不平凡的业绩。

要想提高个人执行力,在工作中有所建树,务必养成求真务实的工作作风,脚踏实地、埋头苦干,理顺权责关系,提高工作效能,使执行落到实处。

坚持求真务实,就是要一切从实际出发,深入调查研究,不唯书、不唯上、只唯实;坚持说实话、想实招、鼓实劲、办实事、求实效;坚持立足本职岗位,从小事做起,从点滴做起,爱岗敬业,勇于奉献,把工作当事业,把职位当责任,始终如一地在已有岗位上默默工作,认认真真、一步一个脚印地做好每一件工作,在实践中增长知识,积累经验,提高真抓实干的能力。

事实上,一个人的思维能力、思维习惯、思维风格、思维方式如何,它直接关系到求真务实的客观性、决策的科学性、正确的指导性、创新的开拓性、胜利的决定性。要做到科学思维,就必须思维要务实,坚持一切从实际出发,严格按客观规律办事,把主要愿望与客观实际有机地统一起来。因此我们说,考虑问题、制定决策,都要从实际出发,从所处的环境、担负的任务及特点出发。

求真务实是一项艰苦的创造性劳动,必须克服忙于应付、工作精力不集中的浮躁心态和"情况不明决心大"的官僚主义倾向,有"天下难事,必作于易;天下大事,必作于细"的敬业态度,有求真务实、求实创新的智慧和勇气,有坚韧不拔、坚持不懈的执著追求,有乐于奉献、艰苦奋斗的实干精神,把吃亏、吃苦和经受磨难,当做人生的宝贵财富。

实践证明,很多人的执行能力和综合素质就是在刻苦努力、加班加点、努力工作中提高的,很多成绩也是经过艰苦努力取得的。那种贪图享受、追求安逸、怕苦怕累、遇到困难就退缩,没有求真务实、咬牙奋斗精神的人,是不可能有所作为的。

脚踏实地是提高执行力的重要品质

柳传志认为执行力是将适合的人放在适合的位置上,杰克·韦尔奇认为"卓越的执行"(脚踏实地不打折扣的执行)就是执行力。百度的解释:执行力,就个人而言,就是把想做的事做成功的能力。显而易见,没有执行力,就没有效率,就没有竞争力!而脚踏实地的精神,则是一个人提高个人执行力的重要品质。

成功的人不一定都是脚踏实地的,家庭背景、机遇也许是他们闪闪发光的原因,但脚踏实地的人一定会成功。某一天他们脚踏实地的努力得到了回报,他们便能振翅飞翔,且一飞冲天。

如何提升个人执行力

美国有"邦女郎",中国有"谋女郎",似乎有了"谋女郎"的头衔,麻雀就能变成凤凰。众位女星盼望张艺谋下一个选中的就是自己,似乎与张艺谋合作就成了通往国际影星的唯一捷径。其实不然,"谋女郎"巩俐、章子怡等,她们成功并非全是"谋女郎"的头衔,她们有脚踏实地的作风,"谋女郎"只是为她们提供了一个机遇,修行还是在个人,脚踏实地地练习表演喜怒哀乐的特技,念念有词地揣摩台词和剧中人物的情感,没有一番寒彻骨,哪来梅花扑鼻香。磨炼、锻造、长期的努力,最终她们才能够振翅直上,一飞冲天。

如果脚踏实地,认真地对待自己人生的决定,埋头苦干,一步一个脚印,相信终有"晴空一鹤排云上"的那一天。

秦国灭亡之后,历史进入"楚汉之争"的篇章。刘邦、项羽各持一军,双方都想独霸江山。项羽自恃武力盖世,骄奢自大。而刘邦却是另一番做法:脚踏实地做好每一件事。对下竭诚尽心;于民宽刑薄税,于己苛求至善……

最终虞姬横刀,乌骓恶鸣,一代霸王项羽自刎乌江,王图霸业转成空。而刘邦却成了大汉的开国皇帝。正是由于刘邦脚踏实地,他才赢得了楚汉之争的胜利。而项羽却成了乌江沙底的白骨。

1978年以来,我国开始实施改革开放政策,踏踏实实搞建设,一心一意谋发展。经过二十多年努力,我国的综合国力稳步上升,收回了香港、澳门。21世纪以来更是飞速发展,如今国家又在致力进行医疗改革,解决三农问题,推广义务教育。脚踏实地为百姓谋福利。现今的中国已成为发展中国家的领头羊,国际地位大幅度提升,世人都用一种新的眼光看待中国。

鹰击长空的壮阔令我们羡慕不已;大厦高耸的巍峨让我们感叹不已;成功者的光环让我们惊羡不已。我们在感叹这些时,是否想到鹰一次又一次苦练,是否想到大厦的坚强柱石,是否想到成功者背后的脚踏实地的奋斗?

脚踏实地要求我们对待成败得失应如泥土般自然、平静和从容。脚踏实地要求我们像老黄牛一样一步一个脚印。失落时不低沉,胜利时不炫耀,像蝶蛹那样慢慢积蓄自己的力量,终有一天会蜕化为蝶飞向广阔的蓝天。

风从水上走过,留下粼粼波纹,时间从树林走过留下圈圈年轮,我们从时代走过,能留下什么?朋友,我们应脚踏实地以待展翅高飞,像雁过留声一样人过留名。

做一个为目标而埋头苦干的人

许多人埋头苦干,却不知所为何来,到头来发现追求成功的阶梯搭错了,却为时已晚。因此我们务必把握真正的目标,并拟订实现目标的计划,凝聚向前的力量。

有这样一个故事。据说唐太宗贞观年间,长安城西的一家磨房里,有一匹马和一头驴子。他们是好朋友,马在外面拉东西,驴子在屋里推磨。贞观三年,这匹马被玄奘大师选中,出发经西域前往印度取经。

十七年后,这匹马驮着佛经回到长安。它重新见到了驴子朋友。老马谈起这次旅途的经历:浩瀚无边的沙漠,高入云霄的山岭,热海的波澜……那些神话般的境界,使驴子听了大为惊异。

驴子惊叹道:"你有多么丰富的见闻呀!那么遥远的道路,我连想也不敢想。""其实,"老马说,"我们跨过的距离是大体相等的,当我向西域前进的时候,你一步也没停止。不同的是,我有一个遥

远的目标,按照始终如一的方向前进,所以看到了一个广阔的世界。而你被蒙住了眼睛,只围着磨盘打转,所以永远也走不出这个狭隘的天地。"

老马和驴子的故事告诉我们:其实成功人士和平庸之辈最根本的差别,并不在于天赋,而在于有没有人生的目标。年轻的容颜可以随岁月老去,但我们的心却不可以丧失希望和追求上进的勇气。

浪迹天涯的游子,会有疲惫的时候,但他走过千山万水的脚步不曾停下,因为他的心始终寄予远方。为了那心中向往的地方,他不畏路途跋涉和重重艰难险阻。登山者不会停止向上攀登的努力,因为他的目标是世界最高峰。要达到一个自己向往的目标,就需要付出艰辛的努力,不能气馁,不言放弃,一心向前。

人生没有目标,正如生活没有方向,让人意志消沉,从而碌碌无为而虚度一生。平淡而有规律的日子,使人惬意,让人容易失去方向,让人堕入平庸。不甘于平庸一生,不愿意永远被埋没,则需要树立目标,然后向着既定的目标而不停努力奋斗。

其实在我们的生活中就有不少人和驴一样,一生都在不停地忙碌着,根本不知道自己要去的方向,辗转几十年之后他突然发现自己的人生居然走到头了,这时候才发现原来自己生活得太平淡了,好像什么东西都没有留下就匆匆走了。

成功的人士决不允许自己这样,他们有明确的目标,并且有强烈的欲望去得到自己所想要得到的东西,因为他们知道自己内心深处的真实需求,他们倾听自己内心的声音,忠于内心的目标和人生的使命,他们没有办法忍受自己没有目标的生活。因为他们知道如果没有目标,就没有活在这个世界上的意义。

有了目标,内心的力量才会找到方向,茫目的漂荡终归会迷路,而你心中那座无价的金矿，也因不开采而与平凡的尘土无异。人生的目标犹如前进的灯塔，只有明确我们的生命中到底要追求些什么？明确自己到底想要些什么？这样我们才不会碌碌无为，才会在忙碌的工作及生活中得到我们所要的东西。

实：脚踏实地，埋头苦干

快：只争朝夕，提升效率

要提升执行力，就必须强化时间观念和效率意识，弘扬"立即行动、马上就办"的工作理念。每项工作都要立足一个"早"字，落实一个"快"字，抓紧时机、加快节奏、提升效率。做任何事都要有效地进行时间管理，时刻把握工作进度，做到争分夺秒，赶前不赶后，养成雷厉风行、干净利落的良好习惯。

强化观念，管好时间

时间是一种珍贵且特殊的资源，是一切活动得以进行的前提条件。人人都是时间的消费者，无论你用还是不用，时间都照样流逝，一个人的人生价值也是在时间之流中得以实现并将在时间之流中得以流传。时间，已经不仅仅是一种物理概念，更是一种人生的修养与境界！

如果你的时间管理能力较强，你就会在期限到来之前采用系统的方法完成特定的任务。如果有人问你要花多长时间才能完成某个项目，你估计的时间有90%的准确度；你会按时完成所有的任务；你会准时出席会议，尽管遇到了交通阻塞；你会经常清理电子邮箱。如果你的时间管理能力比较弱，就会不知道繁忙的一天的中途是什么时候；就会等到会议快要开始的时候才仓促地完成报告；就不会有紧迫感。首先，将时钟调快些，这会增强你的时间意识。然后针对自己必须处理的事件或活动设立明确的提示，如借助闹钟或计算机的提醒功能，或请同事在特定的时间提醒你处理事情。

增强时间观念，关键在于驾驭好时间，做时间的主人。驾驭时间，就要增强对时间流逝的敏感和认识，从成人成才者的经历中获得启示和激励，就是要做到自律，更要掌握管理时间的原则方法。

一、增强对时间流逝的敏感和认识

我们为什么会轻易就忽视时间的流逝呢？因为我们的目光往往只停留在眼前，或者今天。我们渴望一朝成名，一飞冲天，却常常失去信心和耐性去努力和积攒。我们总感觉每天所做的是那么的微不足道，就算是拼了老命，挣扎了相当长一段时间也没有多大的进展，得不到自己所期望的回报和肯定，于是再也耐不住枯燥和迷茫，沮丧而气馁。还因为时间对于我们而言，每一天都似乎没有任何区别，每一刻都似永恒；每一刻又是那么的空泛、缓慢、无端、茫然，甚至多余。沉浸在这样低等的觉悟里，一切必然是无聊而又无序的；只有娱乐最过瘾，游戏最痛快，恋爱最浪漫，粗野最解闷，睡觉最舒服……实际上，这均是胸无大志、精神空虚的反映，是无聊的人在无聊的生活中以无聊的方式在消遣和打发无聊的时光而已。这是最让人痛心疾首的！

人本主义心理学家马斯洛的需要层次理论，把人的需要分为七种，分别为：生理需要、安全需要、归属和爱的需要、尊重的需要、认识与理解的需要、审美的需要和自我实现的需要。前四种需要为缺失和生存需要，是一个人基本的需要，是低级需要，是与生俱来的，一般人在我们这样的社会将来都能够得到满足的；后三种需要是生长和发展需要，是一个人精神世界的需要，是高级的需要，是必须

经过自己的努力,惜时奋进,向上向善才可能争取到的。

只有时间观念强的人,才能真正将时间看做生命,才能感受到时间的珍贵,生命的可贵,真情的可贵,缘分的可贵,每一段经历的可贵;才能对日影月色,对桃花流水,对春夏秋冬格外的敏感和惋惜;才能真正体会到孔子"逝者如斯,不舍昼夜"的感慨和毛泽东"一万年太久,只争朝夕"的紧迫感。

只有时间观念强的人,才能超越过去,放眼未来,把握当下;才能拥有鸿鹄之志,懂得滴水穿石、雪花断枝的历程和真谛;才有韬光养晦、集腋成裘的隐忍和坚毅,领悟到时间那平凡而又伟大的力量。

只有时间观念强的人,才会有积极主动的热情,做任何事都有前瞻意识,有目标、有计划,求真务实,讲究时间效率,重视单位时间内的智慧含量,敢于付出,肯于付出,深知冰冻三尺,非一日之寒,鹏飞万里非千丈之浪的道理。

只有时间观念强的人,才能做事认真,一丝不苟,恪守信诺,言出必践;进而人格独立,个性完善,获得社会的认可和肯定。

只有时间观念强的人,才能真正体会到每一天都是新的,每一件看似平常的事都有其深远的意义;才能内心踏实而愉悦,真正做到仁者不忧,勇者不惧,智者不惑;才会心存感恩,为生命中每一个人、每一件事而感动;为时间飞逝,而自己将碌碌无为而害怕;不断地警醒自我,激励自我,为自己最终能够有所作为而不懈努力。

二、从成才者的经历中获得启示和激励

鲁迅的成功,有一个重要的秘诀,就是珍惜时间。鲁迅12岁在绍兴城读私塾的时候,父亲正患着重病,两个弟弟年纪尚幼,鲁迅不仅经常上当铺,跑药店,还得帮助母亲做家务;为避免影响学业,

他必须作好精确的时间安排。此后，鲁迅几乎每天都在挤时间，他说："时间，就像海绵里的水，只要你挤，总是有的。"他还有一句至理名言："时间就是生命，无端地空耗别人的时间，其实无异于谋财害命。"鲁迅确实惜时如命，他把别人喝咖啡、谈天说地的时间都用在了工作和学习上。鲁迅还以各种形式来鞭策自己珍惜时间。他的卧室兼书房里，挂着一副对联，集录我国古代伟大诗人屈原的两句诗，上联是"望崦嵫而勿迫"（看见太阳落山了还不心里焦急），下联为"恐鹈鴂之先鸣"（怕的是一年又去，报春的杜鹃又早早啼叫）。

王亚南小时候胸有大志，酷爱读书。他在读中学时，为了争取更多的时间读书，特意把自己睡的木板床的一条腿锯短，成为三脚床。每天读到深夜，疲劳时上床去睡一觉后迷糊中一翻身，床向短脚方向倾斜过去，他一下子被惊醒过来，便立刻下床，伏案夜读。天天如此，从未间断，结果他年年都取得优异的成绩，被誉为班内的三杰之一。少年时的勤奋刻苦读书，使他后来成为我国杰出的经济学家。

三、重在自律

珍惜时间关键要学会自律，首先严于律己，才能成就大事，才能有效地管理部门。说实话，目前很多单位领导自己都是保持迟到作风，似乎这才能显示领导地位，让与会者等他们才是有面子。周而复始，长此以往，在国人心目中都会产生时间概念推移的现象，通知十点开会，十点半能来就不错了，事实上会议组织者也是等迟到的人都到齐了才开会，形成了不迟到的等迟到的现象。简而言之就是在助长和支持不遵守时间观念的人。如果在日常工作中坚持按时间点开会，对迟到者坚决不等，试问谁还会如此保持迟到作风呢？

因此，要严格要求自己，要做一个有时间观念的人：上下班不得迟到早退，开会时要提前五分钟到场，领导交代任务要提前完成，朋友有约要提前到场……

四、解决时间问题的原则

一是合理制订计划。会不会利用时间，关键在于会不会制订完善的、合理的工作计划。有效计划并不是要企业员工将未来一天、一周或一个月的时间都填满。在内容上更侧重于什么时间需要做什么事情，哪些工作在这个时间段会是关键或重点，完成这项目标需要哪些工作的配合等。也就是根据需要制订相应计划，如日计划、周计划或是月计划等。

二是绑定重要事件。很多人都会使用备忘录，需要处理的事情太多时，适时及时的提醒就非常重要。但就工作事务来看，简单的提醒很多情况下并不能满足人们的需求。在跟进计划执行的过程中，我们同样需要获取来自现场的第一手信息。这些信息包括：项目进展汇报、参与人员变动、任务文档、计划修改等，你可以分清轻重缓急分别处理，从而提高可控力度。

三是应对意外事件。再周详的计划，也可能会有意外情况的发生，这些是在设定计划时所始料不及的。如何弥补？这就需要根据我们对事件进行快速反应、及时部署。信息化管理的一个明显优势就是反应迅速，并可快速展开新的部署工作。应对意外事件，就是在第一时间获取信息的前提下，对事件提出新的解决方案。

五、解决时间问题的方法

如何解决时间问题，可以采取以下十三个方法。当然，这些方法只是抛砖引玉，是一种启发和参考而已。

一是每分每秒做最高生产力的事。将罗列的事情中没有任何意义的事情删除掉。

二是不要想成为完美主义者。不要追求完美，而要追求办事效果。

三是巧妙地拖延。如果一件事情，你不想做，可以将这件事情细分为很小的部分，只做其中一个小的部分就可以了，或者对其中最主要的部分最多花费15分钟时间去做。

四是学会说"不"。一旦确定了哪些事情是重要的，对那些不重要的事情就应当说"不"。

五是时间的管理最重要的在于能够集中自己的大的整块时间进行某些问题的处理。

六是有计划地使用时间。有的事情需要较长时间，有些事情可以顺带进行。

七是目标明确。目标要具体、具有可实现性。

八是将要做的事情根据优先程度分先后顺序。80%的事情只需要20%的努力。而20%的事情是值得做的，应当享有优先权。因此要善于区分这20%的有价值的事情，然后根据价值大小，分配时间。

九是将一天从早到晚要做的事情进行罗列。

十是每件事都有具体的时间结束点。控制好通电话的时间与聊天的时间。

十一是遵循你的生物钟。你办事效率最佳的时间是什么时候？将优先办的事情放在最佳时间里。

十二是做好的事情要比把事情做好更重要。做好的事情，是有效果；把事情做好仅仅是有效率。首先考虑效果，然后才考虑效率。

十三是区分紧急事务与重要事务。紧急事往往是短期性的，重

要事务往往是长期性的。必须学会如何让重要的事情变得很紧急，是高效的开始。

正确对待工作的态度

工作对于我们来说意味着执行力的锻炼和提高，我们该怎样对待工作，是一个颇值得思考的问题。

工作对于每个人都有不同的含义，有的人认为工作是从事一种职业，有的人认为工作是在本岗位上需要做的事，有的人认为工作就是获得报酬的过程。我们可以对自己所从事的工作毫无激情，每天在生活的无奈和无尽的抱怨中活着；我们也可以为自己拥有一份工作而心怀感激，为生命的尊严和人生的幸福而努力工作。

怎样对待工作才算是正确的态度呢？

一、对待工作要有热忱的投入

全力投入工作的热忱不仅仅是管理者成功的要素，也是每个人获得成功的要素。没有对工作的热忱，他就无法全身心投入工作，就无法坚持到底，对成功也就少了一份执著；有了对工作的热忱，在执行中就不会斤斤计较得失，不会吝于付出和奉献，不会缺乏创造力。

二、对待工作要有敬畏之心

朱熹说："君子之心，常存敬畏。"每个人在工作中都有自己的责任和使命，也或多或少行使一定的权力。对于权力，既要敬、又要畏。

所谓敬，敬权力的神圣、威严、威信，以及权为民用的价值；所谓畏，就是无论做什么岗位，都要有努力方向，要认识到自己做得还很不够，知识结构还很欠缺，需要不断完善自己。畏还包括要谨慎对待自己手中的权力，滥用权力会使企业遭灭顶之灾，职工群众遭殃，生产经营受损，企业形象一落千丈。一个清醒的权力使用者，或者一个清醒的管理者，应该强化责任，淡化名利；强化义务，淡化权力；强化奉献，淡化索取；强化实干，不图虚名。

对待工作有敬畏之心，就是对人生有敬畏之心。人的一生其实很短暂，掐头去尾，真正能干事的时间就那么三四十年，古人有所谓"人生一世，草木一秋"之说，"莫等闲，白了少年头，空悲切"，这是岳飞的千古名句。对待工作有敬畏之心，要求每个人都应该摒弃"等、靠、要"的消极思想，赋予其积极意义，在其位就要谋其政，要立足岗位做正确的事和正确地做事。这也是赋予人生意义。

敬畏工作也就是敬畏历史，使自己所做的工作能经得起实践和历史的检验。

三、对待工作要有感恩之情

作为一个普通员工，企业为我们提供了工作岗位，工作为每位员工都提供了施展才华的平台，展示了广阔的发展空间。对于工作带给我们的一切，我们都要心存感激，努力通过立足岗位做贡献来回报企业，表达自己的感激之情。

感恩既是一种良好的心态，又是一种奉献精神，当你以一种感恩图报的心情工作时，你会工作得更愉快，也会工作得更出色，最终获得成功。

四、对待工作要有奋起之志

每位员工只有在热爱本职工作的情况下，才能把工作做好。人在工作时，要有奋起之志，必须能够以精进不息的精神，火焰般的热忱，立足岗位培养娴熟的技能，充分发挥自身的特长，那么即使是做最平凡的工作，也能做到最好。即使是最普通的岗位，也能成为最精巧的工人。特别是生产一线、管理一线的工作人员，不管领导在不在，不管检查不检查，都要有足够的责任心、爱心和奉献精神，还要有不怕苦不怕累的顽强精神，尽心尽力、尽职尽责做好本职工作。

如果以平淡的态度去做哪怕是最高尚的工作，也不过是个平庸的员工。事实上，如果说企业是一盘棋，那我们大家就是这盘棋上的"棋子"，责任就是要有奋起之志，立足岗位走好自己的每一步，为全盘胜利做贡献。

五、对待工作要有创新之道

我们每个人都具有创造力，唯一的问题是怎样将其开发出来。没有创造力，就走不出一条好路，走不出一条新路，就干不出新的事业。在企业里，创新依赖每个员工作为创新主体的艰辛劳动，在创新的道路上，如果每个员工都能以高度的责任感正确面对创新给企业带来的收益，在企业为创新发展提供了适宜的气候环境和肥沃土壤下，创新的种子就会生根发芽，企业也会逐步踏上集成创新之路。

工作应成为每个人的第一需要，工作就是我们要用生命去做的事，工作也就是牢记责任和使命，立足岗位成才，以实际行动践行核心价值观，促进人与自然和谐，人与人和谐，每个人自身和谐。

让自己即刻行动起来

英国前首相丘吉尔，为了提高政府的工作效率，给那些行动迟缓的官员们的手杖上都贴上一张纸条，上面写着"即刻行动起来"。结果，官员们一改拖沓的习惯，按时完成每天的工作，并且有条不紊。

正如《堂吉诃德》的作者塞万提斯所说："取道于'等一等'之路，走进去的只能是'永不'之室。"

有一位美丽的姑娘，想找一个好丈夫，他需要具备年轻、英俊、健康、温柔、富有、聪明等诸多品质。面对接踵而至的求婚人，姑娘觉得他们都不够格。"我怎么能嫁给这些人？他们长得也太寒碜了吧，这一个毫无风趣，那一个鼻子太难看……"总之，她一个都没有看上。

随着年龄的增长，这位高傲的美人渐渐风光不再，求婚者都走光了，微笑和爱情都离她而去，后来连她的容貌也不讨人喜欢了。这时，她只好对着镜子说："快去找一个丈夫吧！"最后，她嫁给了一个十分平庸的人，反而感到十分幸福。

英雄末路、美人迟暮，总是能引起人们的伤感。在时间面前，一切都显得那么的脆弱。如果你没有利用人生的黄金时间，好好干出一番事业，恐怕，有一天也会感叹年华易逝。

国内著名企业海尔集团的老板张瑞敏积极创造企业文化，海尔文化里就有一条"日事日毕、日清日高"，要求员工当日事情当日完成，并要每天都有所提高。正是在这样的企业文化促进下，海尔产品在国内外的市场份额才不断扩大，成为国际市场认可的中国第一品牌。

美国有一位推销员，名叫克里蒙，由于家里很穷，他十几岁就

出来推销保险。克里蒙始终记得他第一次推销保险的情形,那天,他去一栋大楼寻找客户,站在大楼外的人行道上,他一面全身发抖,一面默念着自己的座右铭:"如果你做了,没有损失,还可能有大收获,那就下手去做。马上就做!"

于是他走进了大楼,尽管很害怕会被人踢出来,但这种事情没有发生。他每走进一间办公室前,脑海里都想着那句话:"马上就做!"虽然每次他都担心会碰到钉子,但还是强迫自己走进下一间办公室。

第一天,克里蒙卖出了两份保险。虽然不算太成功,但在了解自己的性格和工作方式方面,他的确收获颇丰。第二天,他卖出了四份保险,第三天增加到六份……他的事业开始了。

克里蒙找到了一个克服心理障碍的秘诀,那就是,立刻冲进下一间办公室!只有这样做,才没有时间感到害怕、犹豫。

"即刻行动起来",这是任何员工做出好成绩的必备条件,也是员工自我管理的重要原则。管理大师李·艾柯卡刚进入职场时,就很好地贯彻了这一原则。

李·艾柯卡于1924年生于一个意大利移民家庭。受他那位雄心勃勃的小店主父亲的影响,艾柯卡很喜欢汽车,立志长大后到汽车行业工作。艾柯卡后来说:"那汽车真叫人心痒难搔,看上一眼,嗅嗅车座上的皮革味儿,就足以使我想到福特干上一辈子了。"1946年,获得普林斯顿大学硕士学位的艾柯卡最终如愿进入了福特汽车公司。

和所有新职员一样,艾柯卡被安排在工程师训练班。艾柯卡在这里工作了一段时间,主要任务是改进离合器。但不久艾柯卡就发现,设计工作根本无法实现他的抱负。当时"二战"刚结束不久,汽车业呈现出一派兴旺景象,汽车公司如雨后春笋一般涌现。艾柯卡判断，福特公司的当务之急在于销售和赢得顾客，而要想实现自己的抱负，在1959年之前获得足够的经验和资历，就必须离开他的设计本行，从基层的推销员做起——这是通往成功道路的一条捷径。

然而，艾柯卡下定决心后，又不免为自己担忧起来。从小他就是个稳重、勤勉但又比较害羞的孩子。关于这一点，传记作家雷雨肖·阿尔杰曾在专栏中写道："小朋友们在窗外喊：'李，李，快出来！'然而艾柯卡全不理会。被叫得实在没办法时，他只好站起来大声说：'你们先玩吧，我再学习一会儿！'艾柯卡当年的老师也回忆说：'（艾柯卡）美中不足的是有点儿胆小，过于谨慎。'"

不管怎样，艾柯卡都决定立即按照自己的想法去做。于是他果断地退出设计部门，开始了自己的汽车推销生涯，每天与汽车采购人员和汽车经销商打交道。他为这些难缠的主顾详细解释新车的生产情形，解答质量与价格方面的问题。在长达十几年的推销生涯中，他勤勉地锻炼自己的口才，翻阅销售记录，在此基础上研究、推敲销售策略，了解市场和客户心理，推测下一步的市场动向。渐渐地，他成为一名经验丰富的汽车推销员，工作干得十分出色。

1960年11月，31岁的艾柯卡成为福特的总经理兼副总裁。

对于艾柯卡而言，这当然不过是一个开始。他后来传奇般的经历至今仍为人津津乐道，成为全球商业界的不朽传奇。

艾柯卡在确立了自己的目标后，没有等待，而是马上着手去做。在从事汽车推销工作的十几年中，艾柯卡几乎每天都面临挑战。除了与客户大量交涉外，还必须与自己害羞的天性作斗争。每次当他拿起电话时，心里总是七上八下。艾柯卡后来回忆说："每次打电话前，我都要一遍又一遍地练习，心里打好腹稿，总怕遭到对方的回绝。"但是，他通过果断的行动，克服了自己害羞、谨慎的天性，最

终实现了自己的宏愿。

你也一样,不要再让自己沉迷于无济于事的幻想之中,即刻行动起来吧!

怎样提高工作效率

现代社会,"时间就是金钱,效率就是生命"早已不是什么新鲜观念,把效率意识定义为现代职业人职业素质的第一内容,相信也没有太多人反对。一个人在工作中要真正解决效率问题,就必须强化效率意识,提高执行能力。

效率和执行力有着十分密切的关系,提高工作效率的关键是提高执行力。执行力往大处讲是执政能力,往小处说就是完成上级布置的工作任务的能力。执行力是态度和能力的统一,有良好执行愿望而没有执行的能力难以实现预期目标。因此必须强调和强化效率意识,提高工作效率。但怎样才能真正做到这一点呢?

一、发扬爱岗敬业精神

古往今来,有志者事竟成,无志者事难成的事例比比皆是。大禹治水三过家门而不入;水电工徐虎平凡岗位显身手;数学家陈景润常常忘记取稿费而使通知单作废……他们真可以说是敬业爱岗的楷模。由此可见,要想干一番事业,要想在自己所从事的领域里有所成就,没有一种专心致志的执著劲头,没有一种苦其心志、劳其筋骨的拼命精神,是难以做出一些成绩,成就一番事业的。

敬岗爱业是时代的需要,也是作为一名社会劳动者所必备的第一素质。可以想象,"占着茅坑不拉屎",担着职务不问事的局面是多么的可怕。忽略了敬业爱岗，会使所从事的职业遭受损失，也会使自己遭受下岗出局的厄运，甚至会走上违法犯罪的道路。从我做起，从现在做起，弘扬敬业爱岗精神，全身心地投入到所从事的职业，不浮躁，不自满，立足本职工作，干好本职工作。

二、强化责任意识

责任意识是一种个人对工作、对所属群体、对社会承担的义务所持的自觉态度。工作效率不高，执行力差，一个重要原因就是责任意识淡化，正是由于责任意识淡化，才出现了目前普遍存在的工作上无所用心，不思进取，得过且过；玩忽职守，推诿扯皮，效率低下；干什么事情都缺乏责任感，导致工作积极性、主动性、能动性不强。分析其原因，一方面是实际工作中权力、责任、义务还没有形成很好匹配，造成有的人只想索取权力，不想履行义务；另一方面，由于实际工作中存在着职能上的分工交叉，导致有些工作谁都负责，谁也都不负责的现象。因此，只有强化责任意识，才会把工作当事业干，把"公家"的事当"自家"的事干，把分外的事当分内的事干，才能把事干快干好。

三、每天定时完成日常工作

你每天都需要做一些日常工作，以和别人保持必要的接触，或者保持一个良好的工作环境，这些工作包括查看电子邮件，和同事或上级的交流，打扫卫生，等等。这些常规的工作杂乱而琐碎，如果你不小心对待，它们可能随时都会跳出来骚扰你，使你无法专心致志地完成别的任务，或者会由于你的疏忽带来不可估量的损失。

处理这些日常工作的最佳方法是定时完成。在每天预定好的时

刻集中处理这些事情，可以是一次也可以是两次，并且一般都安排在上午或下午工作开始的时候，而在其他时候，根本不要去想它！

除非有什么特殊原因，例如你在等待某个人发来的紧急邮件，否则，强迫自己在预定时刻之外不要查看邮箱，不要去找领导汇报工作。这样，处理这些事务的效率才会提高，并且不会给你的其他主要工作带来困扰。

四、列出工作计划，并用明显的方式提示自己完成的进度

工作计划必不可少！这种计划并不是为了向某人汇报，也不是为了给自己增加压力，而是为了让你记住有哪些事情需要去做，而不是被无形而又说不清楚的工作压力弄得头晕脑涨，烦躁不已。

首先，在每周的开始列出本周的计划。计划的内容就是本周准备做哪些事情，除非是外界有严格时间限制的任务，例如周三必须向客户提交出产品文档。否则，周计划无须设定每项任务拟订的进行时间，也没有必要详细去说明任务的内容。你只需要一些提示，让你不会忘记本周要做的工作。

然后，每天早上列出时间表，从周计划中选择出当天想做的事，并安排具体时间去完成；列出所有需要打的电话，和每个电话的内容。这张时间表应该随时在你身边，一抬眼就能看到，它像一个忠实的助手，随时告诉你下一步工作的内容！

最后，必须进行工作计划的总结。很多人把工作总结想得很复杂，仿佛需要把所有完成的任务的完成情况和没有完成的任务的未完成原因都详详细细地书写出来。这是一个天大的误解！

其实，工作总结随时都在进行，方法简单之极，即用粗笔把你做完的事从周计划和日时间表中重重地画去。另一种总结是在我们制定每日的时间表和每周的计划表时完成的，方法也十分简单，即把当日或当周没有完成的工作抄写到下一日或下一周的计划中去！

你一定要明白，制订计划的根本目的不是给你施加任何压力，而是给你一个有序的、有准备的工作安排。因此，不要为未完成预定的任务而懊恼，而是记住这些任务，并且尽快安排去进行。同时，工作计划还会给你带来自信和成就感：当一个人看到面前成堆的任务被狠狠地画去，象征着这些敌人被征服和消灭，那就像是军人看到自己肩膀上的金星在一颗颗增加一样，是何等的畅快淋漓。

五、安排好随时可进行的备用任务，避免不浪费时间

我们常常会遇到这样的情况：需要打开或下载某个网站内容，网速却慢得像爬虫；离预定好的约会还有半个钟头的空余时间；焦急地等待某人或某物，却不知道他或它什么时候会到来；心情不好或情绪不高，不想做任何需要投入精力的工作；所有任务都已完成，而下班的时间还未到来……通常，人们遇到这些情况时，会采用两种方法去对待：或者百无聊赖地等待，或者随便拿起一项工作来做。无所事事地等待是自杀的最好方法，因为你的生命会在你发蒙时一刻不停地流逝；而随便进行一项工作，最可能的结果是工作效率极其低下，在这段空白时间过完时必须放弃手头的没有完成的工作，下次再重新开始。

对待这样的空白时间最好的方法是，预先准备备用的任务，而利用这样的时间去进行（不是完成）它！这样的备用任务要求具备的特点是，不需要耗费大量的脑力去思考；随时可以开始，随时可以中断，并且下次可以继续进行；没有时间的压力，不必在某个时间非完成不可；能给自己带来一定的乐趣。这样的工作包括浏览报

刊、杂志，阅读有益的但是非专业的书籍，查看网络新闻，随意访问自己感兴趣的网站，对自己已完成的工作成果进行美化加工，例如整理文档，修饰绘图设计，将顾客名单裁成小条，等等。

如果你安排好了这样的任务，你不光可以把这些需要等待的空白时间充分利用起来，并且你还可以有额外的惊人收获，即整齐美观的文件柜，有价值的新闻或文章，或者在一年之内读完了巴尔扎克的全部小说！

六、尽量缩短做完同一件事情的时间

不断改进工作方法，使完成同一件工作的时间尽量缩短。这里有个"阿笨烙饼"的故事。有一个国王，看上了平民阿笨的未婚妻，欲想霸占，又怕有失风度，于是便把阿笨"请"来要他完成一项在国王看来不可能完成的任务。即在一个同时只能烙两张饼的锅中，3分钟内烙好三张饼，每张必须烙两面，每面烙1分钟。按常规最少需要4分钟，可是阿笨改进了工作方法，他先烙两张饼，1分钟后，把一张翻烙，另一张取出，换烙第三张，又过1分钟，把烙好的一张取出，另一张翻烙，并把第一次取出的那张放回锅里翻烙，结果3分钟后三张饼全烙好了。这个故事不仅体现了效率意识的一种含义，更说明了效率意识的重要性。

七、在同样的时间内争取最大的收获

参加商业活动，不同人的收获往往不同。有人只是按程序参加活动本身，活动结束后就算完成了任务。而效率意识较强的人则会在活动期间充分结交朋友、洞察商机，有意识地变相推销自己，在活动结束后，及时整理活动期间的有关资料，并进一步分析、推理，

甚至有时还能得出至关重要的情报性结论。

八、善于立体操作

所谓立体操作，即在做一项工作的同时可以交叉或并行另外的工作。参加各种会议是现代职业人常有的职业行为，但有时一场会议的内容并不是完全对自己有用，许多人会在会议期间感觉无聊，或会后感到收获不大，况且有些会议不能按时开始，按时到达的人便会有一段时间白白地空耗。善于立体操作的人便会带上一本书或者需要处理的文件资料，在会议内容对自己意义不大的时候，从事"第二职业"。

九、工作步调快

养成一种紧迫感，一次专心做一件事，并且用最快的速度完成，之后，立刻进入下一件工作。养成这个习惯后，你会惊讶地发现，一天所能完成的工作量居然是如此惊人。

十、专注于高附加值的工作

你要记住工作时数的多寡不见得与工作成果成正比。精明的老板或上司关心的是你的工作数量及工作品质，工作时数并非重点。因此聪明的员工，会想办法找出对达成工作目标及绩效标准有帮助的活动，然后投入最多时间与心力在这些事情上面。投入的时间愈多，每分钟的生产力就愈高，工作绩效也就提高，自然赢得老板及上司的赏识与重用，加薪与升迁在望。

十一、熟练工作

你找出最有价值的工作项目后,接着要想办法,通过不断学习、应用、练习,熟练所有工作流程与技巧,累积工作经验。你的工作愈纯熟,工作所需的时间就愈短;你的技能愈熟练,生产力就提升得愈快。

十二、集中处理

一个有技巧的工作者,会把许多性质相近的工作或是活动,例如,收发 E-mail、写信、填写工作报表、填写备忘录等,集中在同一个时段来处理,这样会比一件一件分开在不同时段处理,节省一半以上的时间,能提高效率与效能。

十三、简化工作

尽量简化工作流程,将许多分开的工作步骤加以整合,变成单一任务,以减少工作的复杂度,另外,运用授权或是外包的方式,避免把时间花费在低价值的工作上。

十四、比别人工作时间长一些

早一点起床,早点去上班,避开交通高峰;中午晚一点出去用餐,继续工作,避开排队用餐的人潮;晚上稍微留晚一些,直到交通高峰时间已过,再下班回家。如此一天可以比一般人多出 2~3 个小时的工作时间,而且不会影响正常的生活步调。善用这些多出来的时间,可以使你的生产力加倍,进而使你的收入加倍。一个成功的人,通常是一个行动派的人,一旦懂得提升生产力的方法,就会将这个小秘诀,默记在心,不断地应用、练习,直到成为工作、生活的习惯为止。只要养成这个习惯，你的生产力一定会提高，收入也会加倍。

分析判断，快速应变

在这个瞬息万变的社会，分析判断和快速应变的能力非常重要。在证券市场，鼠标早击和迟击十分之一秒，对成交结果都可能影响巨大。照相机之所以设计了千分之一秒和万分之一秒快门，原因就是万分之一之差，产生的图像大不相同。

机会是为有准备者提供的，快速应变能力往往并不表现为一时的灵感，更多的是捕捉到等待已久的稍纵即逝的时机。对于客观环境和市场形势可能出现的变化，必须提前作出预测，以及相应的准备。

不少人都对自己的发展有很好的设计和计划，但是计划不如变化，想到了好的方面，也不能忽视坏的方面。不管事情出现哪种情况，都必须迅速、果断地进行相应的处理，把坏事变成好事，逢凶化吉，脱离危险。

善于分析判断、快速应变的能力是在竞争日益激烈、变化日益迅速的今天有效执行的必要条件。

有一位报社的记者叫李胜，他的采访报道能力很强。有一次，报社准备推出一个系列报道，他接受了一个采访任务，要对一位将军进行采访。可是，无论他用什么方式，都无法联系到那位将军。

时间已经很紧迫了，如果对将军的采访不能完成，那么整个报道都要放弃了。就在走投无路的时候，他突然得知，那个将军将在下午出席一个会议，而这次会议允许记者在场。

抱着一线希望，他来到会场，一进门他就发现他原来的想法太

简单了:将军坐在正中间,根本没有机会和他说话。

可是他还是不死心,他细心观察了一会儿,发现将军在不停地喝水,他突然灵机一动:既然将军喝水这么多,过不了多久肯定要上厕所,我到厕所等他不就有机会了?

果然,李胜在厕所门口把将军"逮"到了,仅仅几分钟就完成了采访。

如果不是李胜随机应变,充分把握机会,这次任务可能就要泡汤了。一个真正有智慧的人,不会因为问题的出现而停滞不前,而是会不断要求自己:随机应变,想尽办法,不达目的誓不罢休!

在这个竞争如此激烈的社会里,形势变幻莫测,我们不仅要斗勇还要斗智,输赢成败有时只在一念之间,只有沉着冷静,果断决策,方能随机应变,控制形势发展。

为了以防万一,工作前的准备也不容忽视,欲要顺利开展工作,事前应做认真考虑及妥善安排。

工作前,可做以下检查:

罗列工作要点,盘查其中应特别注意的事项;检查与工作相关的组成部分及其细则;想想上司或老板对工作上的交代是否有不明之处;提前准备,而不匆忙上阵。

如果忽视事前的准备工作,将可能发生以下这样的情况:

不能达到预期的目的;无法圆满完成工作;由于自己的疏忽或准备不足而对他人产生不良影响;耽误了黄金时间,错过了好的机会,使公司蒙受损失;受批评、惩罚或被开除。

公司里把一项工作计划定下来了,作为员工,必须付诸行动,认认真真地执行,不然将影响到公司整体进度。在执行过程中,还应将执行情况随时向上司作出报告,以便视必要性调整工作方向。

工作现场好比战场,不能忽视任何一个环节,必须执行好操作规定,不然一遇到问题就不能完成任务。

工作中,那些可以变化的岗位操作,应视情况变化而进行创造性地展开,并想方设法完成任务。我们所生存的这个世界原本没有路,路是被想行路的人开辟出来的。要想把工作做得更好,只凭积极工作还不够,还要多动脑筋,随机应变才行。

应变能力还是可以通过实践来逐步提高的,我们可以从以下三个方面入手。

一、多参加富有挑战性的活动

在实践活动中,我们必然会遇到各种各样的问题和实际的困难,努力去解决问题和克服困难的过程,就是增强人的应变能力的过程。只有多参加富有挑战性的活动,才能应付更为复杂的社会问题。

二、加强自身的修养

应变能力高的人往往能够在复杂的环境中沉着应战,而不是紧张和莽撞从事。在工作、学习和日常生活中,遇事沉着冷静,学会自我检查;自我监督、自我鼓励,有助于培养良好的应变能力。

三、注意改变不良的习惯和惰性

假如我们遇事总是迟疑不决、优柔寡断,就要主动地锻炼自己分析问题的能力,迅速作出决策。假如我们总是因循守旧,半途而废,那就要从小事做起,努力控制自己,不达目标不罢休。只要下决心锻炼,人的应变能力是会不断增强的。

告别慵懒，加快节奏

人性有很多弱点，贪图舒适就是其一。在我们心灵深处的某个角落，潜藏着怕吃苦、怕麻烦、小富即安等比较消极的思想，表现在我们的工作中，就是慵懒散软现象。这时更要加快自己的节奏，改变这个现状，让自己更有活力，更有激情。其实被动地完成自己应做的工作，也只能算是平庸的人。只有积极地研究和思考，在自己的岗位上有所创新、不断进步，才能提高执行力，从而不负人生应有的使命。

要治疗慵懒散软的毛病，就必须使用加快节奏这服特效药。这药分两剂，一剂内服，一剂外敷。两剂并用，才能收到最佳效果。其实，这就是执行力的问题。

所谓内服，就是通过学习，反思自己，强化自己，提高自己的责任意识和工作积极性。孔子的学生曾子说"吾日三省吾身"，曾子是深知自己身上的弱点的。天性的弱点不是罪恶，但是我们没有理由放纵自己的弱点。用理想信念武装自己的头脑，才能不断提高自己的思想素质。

所谓外敷，就是强化外部制约，给自己定下目标，并切实保证实施。换句话说，即知责奋进，增强自己的执行力，做有作为的执行者。倡树执行意识，弘扬快节奏，马上就办，办就办好。

"快"不是不假思索、盲目行事，而是科学决策、有作有为；不是嘴巴行千里、屁股在屋里、行动在云里，而是不说空话、多干实事。我们现在已经处于一个生活和工作节奏不断加快的社会。依靠现代科学技术，交通和通信系统空前发达，缩短了人们相互之间的时空距离。信息社会，使知识和技术不再被少数人所垄断，学习成为人们参与竞争的重要手段。只要肯学习，人人都可以参与竞争并成为强者。在这个大的环境下，不加强学习，使自己主动参与竞争是不行的。而过度参与竞争，不科学安排好自己的生活、学习和工作，又会给自己的身心带来比较大的压力，形成健康问题。

因此，建议你根据自己的具体情况，科学安排自己每天的时间。把工作、学习和休息、娱乐的时间作一个比较合理的安排，形成一个书面计划，并严格执行这个计划；加强学习，培养适合自己的业余爱好，提高自己的竞争意识。

一般情况下，只要你在工作时间认真工作就行了，如非特殊情况，工作以外的时间应用来安排学习和娱乐，与家人和同事、朋友聚会、郊游、外出旅游等。这样可以使你既积极面对生活和工作，又不至于感觉到太多的压力。

需要说明的是，书面计划只是你对自己的一个约束而已，如果你已经形成了一个比较良好的习惯，就不再需要什么书面计划来约束自己了。

抓住时机，立即行动

最大的浪费就是机遇的浪费，最大的成本就是失去机遇的成本，最大的能力就是把握机遇的能力。这些都是历史的经验。"机不可失，时不再来"，有的人就是看不到现在的机遇，有的人甚至是不敢相信摆在眼前的机遇，而更多的人虽然看到了机遇，却缺乏把握这个机遇的勇气、缺乏抢抓机遇的能力，这必然导致不推不动、消极怠工，被动执行。

所以，要提升执行力就要解决一个机遇意识、拼命前行的问题，

只有做到了"抢抓机遇",我们的执行力才能找到源自内在的不竭动力。

一、学习机遇

在充满机遇和挑战的 21 世纪,一个人想要在发展社会主义市场经济、全面建设小康社会的实践中有立足之地,有所作为,就必须不断加强学习,不断更新知识。

机会有的时候是需要等待的,而在等待机遇的时间里,最好的办法就是让自己快速提高,在学习中等待机遇。学习是一种机遇,每天都在学习中生活着、生长着,生命伴随着学习,让学习成为一种生活方式。

二、致富机遇

没有人是由于财富供给方面存在限制而持续贫困,这个世界上的财富足以供应所有人;也没有任何人的贫困是由于其他某些人垄断了这个世界的财富,并在这些财富周围筑起了高墙。财富的规律公平地作用于所有人。事实上,可见的供给几乎不会枯竭,而不可见的供给更不会枯竭。因而,人类总能变得日益富有。如果一些人陷入贫穷,那是由于他们没有遵循已经让一些人富裕起来的特定途径。因此,致富机遇不仅至关重要,也是完全可以把握的。

三、晋升机会

天道酬勤,机遇总是偏爱有心人。不管你怎么优秀,消极坐等都不可能等来晋升机会!付出与奉献没有回报,并非你优秀的业绩与出众的才能不被看重,而是你那消极观望与无所谓的态度让上司误解了你：你很看重你现在的岗位不想晋升，或你不想承担更多的责任、接受更多的挑战。所以，你如果想升职，就必须让管理层知道，把你的目标和专长直截了当地告诉他们。

有位名人说过："自助，是成功的最好方法。"职场中的行动底线是要做一个参与者而不是旁观者。为了你自己的职场利益，不要只是观望着别人进步，马上采取积极行动吧！不要畏首畏尾，专心致志、锐意进取，这是打开成功之门的金钥匙。

提高执行力，用心去做事

用心做事的人，都是执行力很强的人。他们在对工作的热心上，不仅多一份热心，而且多一份细心，这就使他们多了一份机会，多了一份出色。

我们来看这样一个故事：

小张和小林同来公司上班，在3个月的试用期间，两人表现不一样。小张不仅提前过了试用期，还得到了领导的重视。而同学小林却因为一直表现平平，最终被公司放弃。

同样的工作，为什么小张却偏偏得到了领导的赏识呢？

刚进公司时，因为对业务不熟悉，领导就安排他们俩看以前的策划方案以及相关书籍。

这样一来，时间往往有空余。没什么事情可做，小林觉得这跟自己进公司的设想差得太远，不禁有些消极，整天无精打采，颇有点怀才不遇的感觉。

小张则恰恰相反，看到好的方案，他都会做记录，写感想，并且向前辈们虚心请教。同时做到眼中有事，一看领导或者同事忙不

过来，就主动替他们打打杂。

有一天下班后，小张和几个同事出去吃饭，吃完之后快到宿舍门口了，却突然下起了大雨。

这时候，小张突然想起了什么，转身就往办公室跑，大家都不知道他去干什么。原来，他突然想起在下班之前领导让他把第二天会议的材料提前放到了会议室，而下班后，他无意中抬头时，发现会议室的窗户没有关，大概是管会议室的大姐忘记了。如果资料被淋湿就麻烦了。

因为经常给大家跑跑腿，所以会议室的钥匙也给了他一把。进去之后，他立即关上窗户，找来一块干净的抹布将已经有点湿的资料擦干，全然没有留意到自己的衣服都湿透了。

就在小张整理资料的时候，老总恰好从门口经过，了解了事情的原委之后，老总点了点头，没有说什么就走了。

第二天，小张就接到提前通过实习期的通知，并被安排到老总手下工作。

我们都有从实习到正式工作的经历，也许很少有人会在实习期得到领导格外的重视。大多数人会像小林一样宁愿闲坐也不愿意为公司多做点什么。

可能有人会想：又不是自己的公司，那么热心干什么？但同样的道理，既然你对公司的事不热心，那凭什么公司要对你的发展热心？

只有付出多少，才能得到多少。

净雅餐厅的服务是非常有名的，就连普通的员工都能把工作做到最好。

因为妻子怀孕，李先生想请朋友庆祝一下，于是特意到净雅餐厅预定了一个包间。

客人都到齐了，首先端上来的是一只用面粉制作的可爱的小老鼠。一开始，李先生还以为上错菜了，但服务员小胡却满脸笑容地说，这是她特意叮嘱厨房提前准备的，因为今年是鼠年，恭喜李先生夫妇得了一个鼠宝宝。

这让李先生夫妇非常开心，连连说谢谢。

在上菜的间隙，小胡又端上了几个果盘和餐点，里面有花生、大枣、莲子，等等。小胡解释说这是餐厅特意制作的，取"早生贵子"的谐音。

服务员的两次惊喜让李先生和朋友们乐得合不拢嘴，用完餐之后还特意跟值班经理致谢。

如果换了一般的服务员，可能最多饭后送一个果盘就觉得不错了，但小胡却非常用心，考虑得非常细致，用自己的热心，连连给顾客带去惊喜。像小胡这样的人，尽管只是一个基层的服务员，但处处却能够从客户的感受出发，一定可以获得更好的发展机会。

我们都希望做事能够出色，那么出色从哪里来？出色来自更高的要求，而落实到行动上，往往来自于细心，每一个细节都考虑到了，自然就更出色。

我们来看看客户经理刘佳是怎么做的：

有一次，刘佳负责陪同某运营商的老总等一行来公司考察，吃饭的时候，客户发现他对饭店周围的情况很熟悉，于是问他是不是经常到这里吃饭。但刘佳的回答却出乎所有人的意料，为了定这家饭店，他特意提前过来，对周边的路况和饭店的环境都进行了实地考察，觉得满意之后，才定下来的。刘佳的回答让客户感到非常开心。

在考察结束的前一天，刘佳在早餐时向大家提议说："今天是主任的生日，所以自己希望晚上的时候请大家一起为主任庆祝生日。"

这让客户一听,既感动又很吃惊,不禁问他:"我们只是第一次见面,你怎么知道今天是我的生日?"刘佳笑着回答说:"我在换登机牌的时候,留意了一下每个人的身份证,所以知道今天是您的生日。"当天晚上,刘佳为客户精心准备了一个生日晚会。刘佳的细心,深深打动了客户,从那以后,这家运营商成为公司的忠实客户。

2006年,刘佳获得了公司市场部金牌"第一名"的称号。

可以说,这家营运商之所以能够成为公司的忠实客户,和刘佳的那份细心是分不开的。一般人接待客户吃饭,可能只会考虑饭店够不够档次,但刘佳考虑的不仅仅是环境好不好,服务到不到位,还考虑到了周边的情况,道路是不是通畅,路上会不会堵车?可别小看了这些因素,如果去吃一顿饭,路上得堵一个小时的车,可能就会大大影响客户的心情,甚至嘴上不说,心里说不定还会抱怨。做到这些是不是就够了呢?不止如此,刘佳还亲自提前去踩点,实地考察。这样的细心,怎么能让客户不感动?

另外,很多人也有过给客户换登机牌的经历,但又有几个人能像刘佳那样,留意每一位客户的身份证,注意别人的生日呢?不仅是对待客户,做所有的工作,都需要细心,会计不细心,多加了一个零,可能就会造成很大的损失;秘书不细心,一个重要的电话没有转达,可能就会失去一个客户。只有每一点工作都像刘佳那样细心,执行才会更为出色。

是的,很多时候,大家都在做同样的事情。自己想到的,别人也想到了,别人做的,自己也在做着。既然你和别人没有任何区别,机会又怎么有理由偏偏属于你?这时候,你如果能够更细心一点,就会获得别人想象不到的机会。

美联社的华裔记者黄幼公21岁时奉命到越南战场采访,和他同在现场的还有两名记者，其中一位还是非常著名的战地摄影师。

刚开始，他也和两名记者一样，不停地拍战斗机轰炸的场面。但很快，他就停了下来。因为他觉得大家都拍相同的画面，意义不大。于是他开始等待和寻找更好的时机。不一会，一大群逃难者迎面向他们跑来，其中有一个全身赤裸、惊恐万分的小女孩特别引人注目。黄幼公迅速按下了快门，而另外两个一直忙于拍摄的记者却因为胶卷用完了，不得不临时换上新的，结果失去了这个珍贵的机会。

凭借这张在战火中赤身奔跑的小女孩的照片，黄幼公获得了美国新闻最高奖"普利策奖"。

同样的职业，在相同的地点采访同样的事件、同样的人物，在外在条件相同的情况下，为什么唯有黄幼公捕捉到了最精彩的画面，拍出了与众不同、让人无法忘记的东西？如果不是那份细心，或许再好的机会摆在面前，我们也不会发现，更不可能让自己在众人中显得那样出色。

让执行变得有效和轻松

执行有时候很吃力，并不是因为事情本身有多难，而是执行者把大量的时间耗费在"推、拖、空"上。"推"即推诿，推卸责任；"拖"即做事拖沓；"空"即浮在表面，落不到实处。

要想让执行变得有效和轻松，就必须坚决拒绝"推、拖、空"的出现。

一、绝不推诿

很多人为什么喜欢推诿？原因无非是两条，一是嫌麻烦，二是

怕承担责任。有了这样的心态，就算是自己职责范围内的事情，都不愿意做，都恨不得把责任推给别人。而最好的执行者，绝不允许推诿，既然问题出现了，就一定要解决。

2008年奥运会北京召开前夕，准备接待外国运动员的北京某酒店进行行业培训，该酒店的总经理在讲到如何将执行做到位时，谈到这样一件事：

几年前，他在一家酒店担任大堂经理。

有一天，他突然听到前台传来争吵的声音，于是马上走了过去。

原来是一位客人想要兑换外币，但是在签支票的时候，不小心名字写错了位置。按照规定，这样的支票没法兑现外币。

服务人员请他再重新签一张支票，这让客户很不高兴，因为他只带了一张支票，于是大声责怪服务员为什么不事先告诉他名字要写在哪里。

服务人员也觉得挺委屈，小声嘀咕说："明明是你自己写错了，凭什么全怪在我头上。"

客人一听，火气更大了。大堂经理一看，连忙上去道歉，并且让客人先别着急，等他给银行打电话，看有没有什么办法可以解决。

于是他马上给银行打电话，几经周折，终于弄清楚了解决的方法并不难，客人不需要重新签支票，只要在正确的位置再写一下名字就可以了。

一听这么容易解决，加上看到他的态度那么好，客人火气一下子消了一大半，说："太感谢你了，要不我就要拨打投诉电话了。"

就这样，一场风波被他化解了。

这位大堂经理现在已经发展为一家国际星级酒店的负责人，他总结这件事情时，说了这样一句话："难是因为你不敢去面对。敢负责，就没有什么难事。"

客人的名字签错了位置，要是服务人员能主动打个电话，不就很轻松解决了吗？不就是一个电话的问题嘛！没什么难的。但为什么服务员却连这么简单的事情也做不到？就是推诿。出了问题，先把责任推到客人身上，同时也不去想办法解决。

属于自己职责范围之内的事情，就绝不要推诿。假如每个人都不愿意承担，把责任推给别人，那企业怎么发展，个人又哪来的机会？所以，从现在开始，决不推诿。

二、绝不拖拉

拖拉是把现在就应该去完成的任务，推到以后，今天的事推到明天，明天的事再推到后天，推来推去就打了折扣，甚至没有了结果。

可能，我们看过这样的情景：

情景一：周一早会上，老总把新的工作方案公布下来，交代秘书整理好会议记录，第二天交给他。秘书想：明天交给老总就行，来得及。于是把这件事一直拖到下班。

晚上回家后，看到吸引人的电视节目，她又对自己说："一会儿再工作吧，先放松一下！"看完电视已经是深夜了，秘书已经没有心情和精力去完成任务了。

第二天早上，当她两手空空地站在上司面前时，领导对她的表现很失望。

情景二：老总让策划人把策划案在下午五点前做出来，策划人认为还有好几个小时呢，没问题，手上还有别的工作，就先忙别的去了，迟迟不动笔。

最后快到时间了,他一看来不及了,就草草地制作了一个策划案交给了领导。领导看完,沉着脸说:"你用心做了吗?拿回去重新写。"

事情不到最后一刻决不动手去做,结果可想而知。

要想执行到位,就不能允许"拖延"的念头出现,只要想到了,就立即去做,别给自己找任何借口。

关于台湾首富郭台铭有很多故事,其中有一个至今都被人津津乐道:

有一次,一位美国客户到台湾考察。几家电脑公司都想争取到这个客户,都做好了迎接的准备。

客户到达的当天,一家电脑代理工厂的协理王先生早早就来到了机场,本以为自己已经够早了,但没想到刚一到,就看见广达电脑董事长林百里带着四五个业务员已经等候在那里了。

这一来,王先生的信心顿时减了一半,自己级别不高不说,而且只是一个人,而人家可是董事长亲自带队,无论从阵容还是实力,自己都没法竞争。但不管怎么样,既然来了,还是得跟客户打个招呼,建立一下联系,说不定以后还有合作的机会。

飞机降落之后,客户走了下来,正当大家都准备上去迎接的时候,却惊讶地发现,和客户一起有说有笑地走下来的还有一个人——郭台铭。

原来,得知客户要来台湾考察的消息之后,郭台铭马上去了解客户的飞机航班信息,并且在客户转机的时候,他也一同坐上了飞机。

就这样,飞机还没有降落,项目已经谈得差不多了。

永远比别人早一步,这就是郭台铭。

假如郭台铭和其他人一样，在机场等待客户下飞机，那这次的机会能不能给他，可真不一定。

在工作中，我们可能做不到像郭台铭一样，但起码我们可以学习他那种做事的精神。任何时候，都不要给自己的惰性找借口，对付拖延的最好办法，就是做，立即去做。

三、绝不空浮

中国共产党主要创立人之一李大钊有句名言："凡事都要脚踏实地去做，不弛于空想，不骛于虚声，而唯以求真的态度做踏实的工夫。以此态度求学，则真理可明，以此态度做事，则功业可就。"

最好的执行者往往能够脚踏实地，把工作落实到位。他们不仅仅做事踏实，说话也很实在。谷歌全球副总裁李开复在《给中国学生的第六封信：选择的智慧》一文中提到：

"我曾经遇到这样一件事情。当我从中国回到微软总部后，发现刚接管的部门有一个项目存在方向上的偏差——开发团队并没有把用户摆在第一位，而只知道研究一些看上去很'酷'的技术——就毅然终止了该项目的研发。

"当时，有一位员工问我：'你怎么能够确定你自己的选择是对的？像Windows这样的产品也是在经历了十年左右的市场检验后才站稳脚跟的。你凭什么笃定这个项目不会在未来收获惊喜呢？'

"其实，我之所以能够快速做出抉择，主要还是因为我在此前的工作中已经有了类似的教训：

"我曾经在硅谷图形公司领导二百余人的团队研发一套世界最先进的三维漫步技术。这套技术能在十年前的硬件上营造出美丽的三维效果。但在做这个项目时，我们完全没有考虑用户和市场的需要，

开发出来的三维体验并没有针对某一个特定的客户群,而是想解决所有客户的问题。结果,最终的产品无法利用硅谷图形现有的营销渠道,产品对硬件及网络的要求也超出了普通用户的承受能力,我们这个项目最终被取消,技术被公司出售。"

"这件事对我的打击非常大,因为我手下的二百余人都需要寻找新的出路,有的人甚至因此而失业。我的内心深感愧疚。但另一方面,我也从惨痛的教训中吸取了足够的经验。"

李开复之所以毅然终止了该项目的研发,一是有教训,二是他明白:作为一个优秀的执行者,必须不求空名和项目的"好看",而要有实际的效果。

当实际的效果,与空名和好看的形象矛盾的时候,毫无疑问以实际的效果作为选择的基本依据,这样的做法,正是决不空浮的表现,值得我们每个执行者好好学习。

把简单的事情做得不简单

一个人无论从事何种职业,都应该尽心尽责,发挥自己的创造力,求得不断的进步。这不仅是工作的原则,也是人生的原则。

一个员工,只要你手头上有工作,就要以虔诚的心态对待这份职业。即使你自命不凡,心中梦想的是更加美好的职业,但是对手中的工作,一定要以欢快和乐意的态度接受,以虔诚和认真的姿态完成。所以,不仅要"干一行,爱一行",还要"爱一行,成一行"。只有干好你手头的工作,人生才有一个完美的结果。当一个人"干一行,爱一行,成一行"时,才会发挥出他自己最大的创造力,而且也能更迅速、更容易地获得成功。

在职场中，一旦你选定从事某种职业，就要立即打起精神，不断勉励自己、训练自己、控制自己。在你的工作中要有坚定的意志、凝重的敬畏，不断地向前迈进，如此就会走向自己梦寐以求的成功境地。

在"二战"期间，一艘美国驱逐舰停泊在某国的港湾，那天晚上万里无云，明月高照，一片宁静。一名士兵例行巡视全舰，突然停步站立不动，他看到一个乌黑的大东西在不远的水上浮动着，他惊骇地看出那是一枚触发水雷，可能是从一处雷区脱离出来的，正随着退潮慢慢向着舰身中央漂。抓起舰内通信电话机，他通知了值日官，而值日官马上快步跑来，他们也很快地通知了舰长，并且发出全舰戒备讯号，全舰立时动员了起来。官兵都愕然地注视着那枚慢慢漂近的水雷，大家都了解眼前的状况，灾难即将来临。军官立刻提出各种办法。他们该起锚走吗？不行，没有足够的时间。发动引擎使舰身和水雷漂离开吗？不行，因为螺旋桨转动只会使水雷更快地漂向舰身。以枪炮引发水雷？也不行，因为那枚水雷太接近舰里面的弹药库。那么该怎么办呢？放下一只小艇，用一根长杆把水雷携走？这也不行，因为那是一枚触发水雷，同时也没有时间去抓水下水雷的雷管。悲剧似乎是没有办法避免了。突然，一水兵想出了比所有军官所能想到的更好的办法。"把消防水龙头拿来。"他大喊着。大家立刻明白这个办法有道理。他们向舰艇和水雷之间的海上喷水，制造一条水流，把水雷带向远方，然后再用舰炮引炸了水雷。

这位水兵真是了不起，看似平凡的他具有在危机状况下冷静而正确思考的能力。我们每一个人的身体内部都有这种天赋的能力。也就是说，我们每一个人都有创造的潜能。不论有什么样的困难或危机影响到你，只要你认为你行，你就能够处理和解决这些困难或

危机。对你的能力抱着肯定的想法就能发挥出积极的力量,并且因而产生有效的行动。

无论你在哪里,做什么事情,都能始终保持热情,最大限度地发挥自己的创造潜力,最平凡的你也能创造出非凡的执行力。

马丁·路德·金说:"在有生之年,我们都要面临挑战,不倦工作,以期取得卓越业绩。并非所有的人都能学有专长,至于艺术和科学的天才更是少之又少。大多数人还是在农村、城市默默工作。然而,任何工作都有其意义。所有于人类有所促进的工作都有其尊严和价值,应该努力不倦地把它做好。如果你是清扫工人,那就像米开朗琪罗绘画那样,像贝多芬作曲那样,或者像莎士比亚写诗那样来扫你的地吧!你的出色工作会使天国的神和人间的众生停下来赞美:看这个扫地人,他的工作做得多么好,他真是了不起。"

约翰尼是一家连锁超市的打包员,日复一日地重复着几乎不用动脑甚至技巧也不复杂的简单工作。但是,有一天,他听了一个主题为建立岗位意识和重建敬业精神的演讲,便要通过自己的努力使自己的单调工作变得丰富起来,他让父亲教他如何使用计算机,并设计了一个程序,然后,每天晚上回家后,他就开始寻找"每日一得",输入微机,再打上好多份,在每一份的背面都签上自己的名字。第二天他给顾客打包时,就把这些写着温馨有趣或发人深省的"每日一得"纸条放入买主的购物袋中。

结果,奇迹发生了。一天,连锁店经理到店里去,发现约翰尼的结账台前排队的人比其结账台多出3倍!经理大声嚷道:"多排几队!不要都挤在一个地方!"可是没有人听。顾客们说:"我们都排约翰尼的队——我们想要他的'每日一得'。"一个妇女走到经理面前说:"我过去一个礼拜来一次商店。可现在我路过就会进来,因为我想要那个'每日一得'。"

一个普通的小职员约翰尼的创造激发了很多人的灵感：在花店中，员工们要是发现一朵折坏的花或用过的花饰，他们会到街上把他们给一个老太太或是小女孩戴上。一个卖肉的员工是史努比的发烧友，就买了5万张史努比的不干胶面，贴到每一个他卖出的货物上。

人生最大的挑战实际不是突然的灾变和改变命运的选择，而是日复一日、年复一年，平淡而又极其平凡的普通日子，能在旷日持久的平凡中感受到伟大，在重复单调的过程中享受到丰富的生命，才是对人的生命质量最严峻的考验。

所以我们所谓的"执行力"并不是与生俱来的，它是我们后天培养出来的能力。这种能力也并不是只有在重大危急关头才显示出来。执行力更多体现在小事之中，在细节之中。"在平凡的岗位上创造出不平凡"，"把简单的事情做得不简单"，这就是最大的执行力。正如约翰尼所做的那样。

杜绝执行任务时被动应付

完成上级布置任务的状态，可以分为三种：一是敷衍应付，做是做了，但和预想和要求的差很多，也就是打了折扣。二是领导要求的，会做到；领导没要求的，不会多做。三是不仅领导要求的会做到，领导没有要求的，只要是有利于把事情做得更好的，都会主动去做，让结果远远超过领导的期望。

要想成为最好的执行者，就要用第三种标准去要求自己。他们不是去被动应付，而是能够主动负责。

为什么很多时候执行的效果会不尽如人意？一个至关重要的原

因就是，很多人一接到任务，首先第一个反应就是"好烦人，整天不是做这个就是做那个，真不想做"、"事情都成堆了，赶紧做完拉倒"、"无所谓，拖一拖再说"……

一有这样的想法，必然会造成两个后果，一是马马虎虎，不是想着如何做好，而是想着如何省事，赶紧完成，应付过去；二是不会主动去思考如何才能做到更到位，结果必然会大打折扣。

一旦有了主动执行的心态，他们时时就会考虑：我怎么才能做得更好？哪里还需要改进？如何才能达到最好的效果？怎么样才能用最小的投入获得最大的效益？

我们来看下面这个故事：

大学毕业后，朱铭进了某汽车生产集团，在一个建设工程工地担任出纳员。不久，就被派往了泰国，参与一项海外高速公路的建设，担任工地最基层的出纳人员。

当时，为了节省成本，工地雇用了不少当地的工人。可是由于语言不通，管理上出现麻烦，导致工地上矛盾冲突不断。

一天，朱铭正在整理账簿，一群工人冲进工地现场开始闹事，有的工人还挥着短刀。一见这样的架势，所有的人都逃离了现场，只有朱铭留了下来。

当时，大约有十几个闹事者冲进了朱铭的办公室，其中一个人把短刀插到他面前桌子上，让他把保险柜的钥匙交出来，但他坚决不交，闹事者两次将短刀抵住他的脖子，但他还是拒绝交出钥匙。

闹事者看威胁不成，就让朱铭把保险柜打开，结果他把保险柜死死抱在了怀里。这下闹事者更加愤怒了，于是大家一齐上，对他拳打脚踢。

但就算是这样，朱铭还是紧紧抱住保险箱不放。幸好这时候传来了警车的鸣叫声，闹事者见势不妙，一哄而散，朱铭这才捡回一条命。

这件事情很快就在整个集团传开了，这也成了朱铭扎根集团的契机。年仅 35 岁的时候，他就当上了一个重要部门的经理。

或许在很多人看来，为了公司的保险箱，差点丢了自己的性命，未免也太不值得，何况，自己又不是公司的什么重要人物，不过是一个可有可无的小出纳员而已。但是从另一个侧面，也可以看到，为了一个保险箱都不惜丢掉性命的人，那么对待公司其他的事情，其用心和认真，就可想而知。

是的，一个人仅仅要求将自己的工作做好，是难以真正把单位的事当自己的事做的。但是，假如你真能做到，你就体现了一种真正的主人翁态度，就很容易得到单位的肯定和器重，并获得最好的发展机会。

要想把执行做到最好，仅仅是听话照做，或者过去是怎么做的现在还怎么做，一成不变地照搬是不够的，有时候还需要将创新力和执行力结合起来，主动去优化设想、改善流程。

皇明太阳能集团创始人、总裁黄鸣，在担任普通员工时的一段经历，就给我们很大启示：

黄鸣大学毕业后分到了石油钻井技术研究所，在技术装备室工作。工作两年后，地矿部有一个斥资几十亿元的"七五"大型设备改造项目，就是为了提升钻井勘探的技术水平而要把所有的钻机整个改造一遍。

当时部里把这个课题交给了比黄鸣所在装备室的级别和规模更高一级的装备研究所，为此还专门召开了钻机改造方案的评审会，黄鸣当时抱着学习的心态参加了评审会。

当时有几位年龄比较大的高工在会上介绍方案,黄鸣听得非常仔细。但听着听着,他觉得方案有问题。一是方案中有很多理论依据、设计计算跟大学的专业教科书和他所看到的国内外相关文献不符;二是实施方案缺乏可操作性,设备改造方案与现场情况有很多不符之处。

在大学期间,黄鸣的专业课程学得非常深入,每门都是优,实习期间,又把整个井架、钻台、动力系统等摸得一清二楚,写了厚厚的实习报告,工作两年,他特别关注专业动态,写过几篇专业的文章,发表后引起了很大的关注。

正因为有对专业的深度把握,让黄鸣快速捕捉到了方案的不足。于是,他把认为不妥的地方逐条记下来,共列出了二十几条。等几位高工讲完方案让大家提意见的时候,黄鸣鼓起勇气一下讲了十几条。

讲的时候一气呵成,但讲完之后,他又开始忐忑不安起来,毕竟在座的都是专家、司长、总工,自己不知深浅地提建议,会不会让别人感觉到这个初出茅庐的小伙子太不知天高地厚?

当天晚上,领导就把他叫进了办公室。当时他忐忑不安的心情可想而知。然而,让他没有想到的是,领导却这样告诉他,听了他的意见之后,大家都很重视,为此特意开了个会进行讨论,认为他提的很多建议很重要,数据也很翔实,说明现在方案不成熟,存在漏洞,需要调整。

经过慎重考虑,决定把设备改造项目的任务分一半给他们科室,由他牵头,形成竞争,并正式通知他加入"七五"设备领导改造五人小组。

就这样,刚刚毕业两年的黄鸣获得了这个很多人想都不敢想的机会，他不负重托，带领课题小组顺利完成了任务，并获得了部里的科技进步二等奖。从此不断承揽科研课题，年纪轻轻就当上了科研室副主任，成为所里的科研主力。这也为他以后的创业打下了坚实的基础。

黄鸣的做法，正是让执行力与创造力结合的典范。他超出别人的想法表现在下面两点：一是面对众多专家的方案有漏洞，大胆说出自己的想法；二是虽然项目和自己无关，还是主动想到创新的方案。

工作中，很多人就像机器人一样，执行中很死板，被动地遵守常规。其实，最好的执行者往往能够主动打破条条框框，并把创新力落实到执行中，主动为单位作出贡献。

一谈到创新，人们往往把它看得很神秘，认为这是专业人士甚至是只有高级知识分子才能干的事情。其实，创新与我们一点也不遥远。谁都可以创新，而且就是日常的工作中，也有创新的机会。抓住这样的机会，不仅能好好创新，而且能改善自己的工作，让自己的执行，更有力量，更加到位。

在一个同行正在聚会的酒店，服务员在给一位外出的客人打扫卫生时，一个小偷绕过放在门口的清洁车，大摇大摆地走进了房间，对服务员说："抓紧时间清理，我得马上休息！"然后拿起床头的电话，假装给某个客户打电话，一边打电话还一边做手势，示意让服务员赶紧打扫。

服务员一看，以为是客人回来了，于是赶紧打扫完，关上房门出去了。

就这样，小偷轻而易举地拿走了客人放在房间里的2万元现金和一台笔记本电脑。

客人回来后发现自己的财物被盗，于是报了警。

尽管酒店后来给予了客人赔偿，但因为这件事情，酒店的声誉还是大大受损。

很多人听了这件事，也就是感叹一番而已，唯有客服部经理认真琢磨：怎么样做才能杜绝这种现象呢？

就这样琢磨了好几天，客服部经理突然想到了一个好主意：将清洁车打造为临时"防盗门"。在和清洁车生产厂家的技术人员仔细沟通后，他请厂家过来给每一辆清洁车做了一点改造，安装了固定装置，规定所有的服务员在给外出客人打扫房间时，必须将清洁车从房间里面将房门堵上，并固定好。如果客人回来，要先请客人出示房卡，经过确认后，方可移开清洁车。

刚开始，也有客人抱怨不方便，但只要听了服务员的解释，都会很感动。尽管只是一个小细节，却让客人真正感觉到了酒店处处为他们着想的贴心服务，相传之下，酒店的生意也越来越好。

就因为客服部经理多了这一点创新，让酒店在顾客心目中赢得了更好的口碑。

其实，做这样的创新很难吗？一点都不难。关键是你有没有主动思考的心态。如果没有这种心态，再有价值的东西我们都会充耳不闻、视而不见，意识不到它对改善自己工作的意义。

相反，只要你时刻围绕"如何将工作做得更好"，去经常思考和琢磨。即使在平凡的岗位，你也能做出有价值的创新。这正是在更高的层面上去完善完成任务的执行力。

超越优秀，成为卓越者

在美国历史上有两个人，他们曾经互为对手、互为敌人，但他们都是各自阵营中最优秀的人、最卓越的佼佼者，他们互相因为对方而名垂青史。他们就是格兰特和罗伯特·李。

格兰特是美国南北战争时期北方的将领。罗伯特·李是南方的将领。饶有趣味的是，在这之前，他们都仅仅是极其普通的将官。相比之下，李将军成名更早。他早年负责南方军队对密西西比河的军务，屡战屡胜。历史似乎可以这样假设：假如不是李将军太过于优秀以至于林肯对手下的将军接连失望，那么格兰特不可能那么迅速地从一个二十一步兵团上校升为联邦军总司令。另一条假设是：假如没有格兰特的出现，李很可能带领南方的军队统一北方。

最后的决战似乎也验证了这一点。在攻打里士满时，格兰特是北方的总指挥官，李是南方的总指挥官。他们都发挥了自己的最大能量：殚精竭虑，极尽所能。他们可算是棋逢对手，旗鼓相当。假如格兰特稍有差错，李将军就有可能扭转乾坤，置格兰特于死地。

格兰特一生最敬重的人就是他的对手罗伯特·李。因为李也是一个懂得如何完成任务的人。在战场上，他的判断总是与格兰特不谋而合。

完成任何一项任务都像去打一场仗一样重要。当你接受一项任务时，当你为你自己立下一项任务时，你必须尽全力去完成它。那些只想做完然后就去休息的人，是可耻的。他们把完成任务仅仅看做是例行公事，就像林肯手下那些华而不实的将军们。

还有许多人认为任务是别人或者上级分派下来的，他们只需要了解任务的其中一个环节，或者说，他们只想理解到此。他们不想

如何提升个人执行力

再理解下去,他们的观点是:在我们的位子上,我们是合格的人。成为优秀的人是别人的事。

好运为什么最后总是落到那些有勇气、魄力和真正有才华的人的头上?就像格兰特和李那样,为什么南方和北方选了他们做决战的代言人?因为他们不仅不甘于合格,而且还不甘于优秀。在他们心中,不仅要做得更优秀、做得比别人更好,还要做到最好。

从另一个角度说,一个人只有选择优秀,才能到达卓越。

大部分人都会为自己的碌碌无为找借口:例如没有受过良好的教育、父母没有给他们提供更好的成长机会、第一次工作搞砸以后老板没有给第二次机会、当运气来临时没有很好地握住……不一而足。还有人搬来了格兰特本人的例子:在南北战争以前,格兰特是声名狼藉的家伙,他被军队开除、做生意赔本,要不是爆发战争,他可能都活不到37岁。

的确,格兰特一开始并不是一个优秀的人,甚至不能算是一个合格的人。这也反过来证明了一点:任何人都可以变得优秀。一个酒鬼、破产的生意人、失败的农夫,竟然也可以成为最伟大的将军、人人敬仰的英雄。格兰特首先学会如何使自己变得优秀:他义无反顾地参加义勇军、寻找正规军、率领子弟兵保卫自己的家乡。当他升为二十一步兵团上校时,他就从一个普通的士兵变成了一个优秀的指挥官。很少有人认识到这一点。有的人只认识到格兰特早年的失败,有的人只认识到格兰特后来的伟大。没有人去剖析格兰特究竟是怎样从一个酒鬼变成上校指挥官的。从平庸到优秀只有一步之遥,但这是难以跨越的一步,有的人终其一生也无法跨越。只有当你选择了如何优秀,你才能接下来做到如何卓越:那些希望一步登天的、怨天尤人的人,当他们沉沦于"平庸"的生活境遇中,成功离他们十万八千里。

在成为优秀之前，你只能把事情做得很好，只有成为优秀，你才会把事情做得更好，这是我们一个武断的结论。很难让人相信，一个正沉浸在失意中的酒鬼，可以指挥一场充满想象力的战斗。一个人不经过优秀的历练是成不了大才的，这是一条真理。一个平庸的人永远不会把事情做到最好——那是卓越者才力所能及的。而一个人若只用平庸的标准来要求自己，却又想名垂千古——这不是痴心妄想吗？

不甘于优秀，超越优秀，成为卓越者，像格兰特那样，我们可以把事情做到最好。

事前准备等于把时间提前

从前，有一只野狼在草地上勤奋地磨牙，狐狸看到后非常不解，问道："周围又没有危险，为什么要那么用劲磨牙呢？"野狼回答说："平时我把牙磨好了，到时就可以保护自己了。"仔细想想狼的这种行为是非常可取的。

平时把牙磨好，关键时刻就可以保护自己。这不就是我们常常说的"有备无患"吗？而事先准备就等于把事情往前赶，也就有利于把完成的时间大大提前。

平时就算安全的时候，也提高警惕，不断地磨炼自己，到危险时，就可以毫无顾忌地迎战了。平时准备得万无一失，到危险时就可以轻松一些。举个最简单的例子，晚上临睡前把第二天要用的东西都准备好，这样的话即使你第二天睡过了头，也可以轻松应对。

凡事都先做好准备，这样无论面对什么样的状况都能轻松应对。

如何提升个人执行力

之前准备得万无一失就不会有失误。危急时也可以救自己了。要知道如果你平时过得十分闲散，到危险时，即使你想应对，也是心有余而力不足了，但只要你过得稍稍辛苦一些，你就可以应对所有的危险。请记住，凡事都要做好准备，因为这个举动也许某一天会救了你自己。

有一句话是这么说的："机会时常留给有准备的人。"准备是一种战略，是一种智慧，时刻准备着，可以防患于未然。正如一只狼在闲暇之余，忙着磨起牙齿，就是为了哪一天来对付猎人或老虎。临阵磨枪是兵家大忌，这样往往会吃大亏，会失败。凡事我们都有理由去做好相当的准备才不至于等到火烧眉毛、事到临头的时候只能空悲切干着急了。

"螳螂捕蝉，黄雀在后"，危机与挑战时刻在等着我们。如果不作好准备，必定会成为"螳螂"的下场；如果不作好准备，等待我们的必定会是失败。将"准备"这一智慧装在心里，那样就算黄雀也只能眼巴巴看着螳螂逃跑的。

提前准备好一切，就可以稳操胜券。在"二战"时期有一个词很新颖，那就是"闪电战"，这是"二战"时期德国想出来的战术。这是一种趁人不备时进攻的战术。在战争中它的效果十分明显。但是如果被德国所侵占的国家提前作好战斗准备，战争的结果也许就不会这么惨。

人常说"兵马未动，粮草先行"。不管做一件大事也好，做一件小事也好，有准备的人成功的概率往往比那些没有准备的人高得多。准备对我们来说非常重要。

人的一生中，有很多危险在你猝不及防时向你扑来，为了应对这样或那样的危险，我们应时刻准备着，在危险和困难面前，做到淡定自如，化解危机。我们应该学习狼时刻准备的精神，来面对挑战。时刻准备着的人，是笑到最后并登上顶峰的人。

再急的事也要沟通协调好

"经理要求这样，主任又要求那样，我到底该怎么做？"

"这项工作需要我们和企划部共同完成，可是两个部门之间总是互相抵触，这可怎么办？"

这样的疑问或许你也有过，有的时候，我们的工作可能不仅需要与其他人、其他部门共同协作完成，而且还要向多位领导汇报，而得到的命令有可能也是多方面的。

遇到这样的情况，很多人都会觉得左右为难，不知道该怎么做。有时候还会造成不好的影响。

有一次，我们在天津某集团讲课，在课前调查时，就遇到有人反映这一情况：

某部门经理说自己的下级不听话，明明交代星期三必须把某件事情办好，等到星期三时候，这位下级根本就没有办。一问她为什么没有办，她还振振有词："王副总又给我安排了一个任务，还特别叮嘱，也要我星期三办好。"

谈到这里时，这位部门经理还很生气地说：

"这样的员工真是太势利了。仅仅由于王副总比我高半级，就可以不听我的指示了吗？那还要我当她的领导干什么？"

而我们再找这位员工交流时，她也觉得很冤：

"他们都是我的领导，我又没有三头六臂，忙了这边丢了那边，总得得罪人，你叫我怎么办呢？当领导的，总得体谅下属吧！"

不同的领导在同一时间交代任务给你,或者不同领导要自己执行的任务要求有矛盾,这样的现象其实在执行过程中很有普遍性。而要解决这样的问题,办法其实很简单:作为执行者的你,可以与多位领导协商,以达到最圆满的结果。

纪东在《难忘的八年——周恩来秘书回忆录》写了这样一件事:

"我记得有一位公安部的领导,每次给总理写报告,信封上都要写上'特急'、'绝密'、'亲启'。按规定:部长级以上领导给总理的'亲启'件,我们秘书是不能拆封的;标明'特急',必须马上送总理;'绝密'这种密级一般也是不多使用的。

"每次收到这样的报告,的确有点犯愁。因为知道这位领导的报告有的其实并不急,只是一般的情况报告,但他写了'亲启',我们就不能拆,就只好照送。

"有一次又收到这样的报告,我只得马上送到总理办公室,当着总理的面拆开。总理看后说:'这位部领导每次都亲自写报告、写信封是好的,字写得也十分用心、工整。但每次都注上"特急"、"绝密",急的也就不急了,都是"绝密"也就没密了。'听了总理的话,再遇到这样的信件如何处理,我心里就有谱了。

"一次国务院开会时,我见到了这位领导。对他说:'总理说您亲自写报告,字写得也工整。'他听了总理的'表扬',很高兴。稍停我又说:'您写的信封都是"特急"、"绝密"、"亲启",我们收到后挺难办的。'

"他问:'为什么?'

"我说:'"特急"我们要马上送,有时总理还在睡觉,有时在外面开会,不好掌握。'

"他笑着说:'那还不是由你们决定,相机办理就行了么。'

"我说:'可是,您写的是"亲启",我们不能拆。这是总理规定的。'

"他非常惊讶地说:'哦?总理还有这样的要求?我不知道。以后我注意。'

"从此,这位领导还真的改变了这个习惯,'亲启'和'特急'用得少了,'绝密'也不常出现了。"

在执行中,我们也经常会遇到类似的事:都是领导,都对自己有任务和要求,这时候,该怎么做?

遇到这种情况,一定要及时与上级进行沟通,说明情况,请他们提出合适的意见。

纪东在发现那位公安部领导的来信不符合要求,但又碍于总理的命令不能处理时,他及时与总理进行了沟通,了解了总理对这件事的意见,这样他也就知道该如何去做了。

同时,在和领导商量的时候,语气一定要委婉,如纪东在了解到总理对此事的意见后,没有贸然地直接处理,而是用委婉的方式与公安部领导沟通,转达总理的意见,让对方了解不当的操作给自己的工作带来的困难。

在我们的工作中也一样,遇到不同领导同时交给自己任务,一定要及时协调和沟通,不要闷头就做,否则就会造成领导的误解:我交给你的任务,为什么不及时完成?是不是不把我的话当话?

这时候,我们完全可以跟领导直接沟通,如:"王总,我知道您交给我的任务非常重要。但有一点我需要跟您商量,因为之前李总已经交给我了一项任务,要我今天5点之前把项目评估报告交给他,他明天一早开会要用。不知道您要的这份报告是不是特别着急,如果不是特别急的话,我能不能明天下班前把报告交给您?如果您觉得来不及,那我可不可以请××部门的小李帮您做一下这份报告,

具体的内容我会把关。您看怎么办更好？"

相信这一来，任何领导都能理解，问题自然也就迎刃而解。

快速治理办公室混乱局面

书本堆得像金字塔那样高，不用的文件夹和办公用品到处都是，计算机电缆经常绊倒人……如果你公司的办公室是这个样子，那么，你就得改善一下办公室的管理了。采取以下步骤，可以营造出高效率的办公环境。

一、将不常用的东西转移到其他的地方

随便看看你就会发现，办公室里很少使用的东西数量惊人。过期的文件、不用的信笺、从来不开的台灯……不一而足。在伸手可及的范围内只保留最为常用的东西，将那些不是每天都要用的东西移出视线之外。

二、将过期的文件加以清理存放

没有必要将办公室的文件柜都塞得满满的。给文件柜"瘦身"——对过期文件加以清理存放。如果一个文件你在过去十二个月里都没有找来看过，那么它就在此列。这项工作耗时不多，但可以一举两得：既节约了时间又腾出了空间。

三、注意你的电脑显示器

在电脑显示器占据你桌面的时候，要释放更多的空间是比较困难的。一个选择是使用显示器架，可以将文件和其他东西放到它下

面；另一选择是选用 LCD 显示器，它占用的空间只有 CRT 显示器的三分之一。

四、充分利用办公空间

如果办公场所狭小，就要想办法充分利用每一寸空间。可以将架子安到墙上，桌子下面可以用来放文件或电脑主机。如果桌上要摆传真机、复印机和打印机等多种办公设备，可以考虑购买一台多功能一体机。

五、扔掉旧的阅读材料

你可能保存着不少不再需要的过期的出版物，那么请在清理办公室杂物时将它们扔掉。如果担心会丢掉重要的文章，在扔掉它们之前浏览一下目录，将真正需要的文章剪下来。不要用太多的空间来存放出版物，这样能够缩短你的阅读和清理的周期。

利用科技改善工作流程

从自动化表格处理到即时信息，今天的科技能够帮助员工更快更聪明地进行工作。以下五种方法可以使公司的运作更为流畅。

一、管理职能自动化

许多公司将原来靠人工完成的管理职能，比如给员工打考勤、管理支出表格等交由电脑网络来完成。这一举措可以减少员工花在搜集、处理和发布信息上的时间，使员工可以将时间用在更为重要的公司事务上。另外，信息流的自动化还能减少人工操作所造成的

不可避免的错误。

二、改进公司范围内的信息共享

电脑网络可以用来向员工发布新闻和信息，这比传统的打印通知和开会更为快捷也更为经济。通过这种方法，公司可以对市场变化作出快捷的反应，员工也能快速地适应公司的政策和节支措施。公司还可以创建电子数据档案，减少文件归档、存放的负担。

三、共享信息资源

将日程安排、合同经理和信息数据库通过公司网络进行共享，可以使员工更快更高效地获取信息。例如，利用在线日程安排，项目经理可以很快看到团队中每位成员的时间表，找到合适的开会时间，然后利用在线日程安排程序将开会通知发给每位与会者。而在过去，他就得与每位成员协商，找到合适的时间后再逐个通知。

通过将合同经理和客户数据库进行共享，公司可以为客户提供更高标准的服务。公司的任何员工都可以了解客户基本情况、订货历史记录和联系方式，使他们能够立即满足客户的需求。

四、快速、便宜的沟通交流

过去，不同部门之间要进行协作，就得腾出专门的时间、打长途电话或是召开电话会议。而现在即时信息工具使员工能够通过网络彼此进行实时沟通，不受地域限制，而不会带来高额的费用。许多日常的交流通过电子邮件就可以完成。使用电子邮件可以使你避免打电话聊天。当然，也有一些公司必须直接与人交谈才能有效运作。但是，绝大多数员工能够利用电子邮件处理更多的沟通交流事务。

五、实时在线协作

驻外工作人员也能够来到网上会议室，编辑文件或是进行演示。例如，利用微软公司提供的"共享观点团队服务"，员工可以在一个安全的网络会议室里对相同的文件进行讨论和修改，还能够建立文件档案馆和召开讨论会。这样做不仅能够提高工作效率，还减少了由于文件的不同打印版本所造成的混乱。

八种良好的工作习惯

一天的工作什么时候才算完成？对于许多小公司来说，答案是"永远没完"。甚至许多管理人员手头也有一大堆要做的事情。为了在工作和私人生活之间保持一种健康的平衡，员工要学会在工作时保持高效，从而得以在合理的时间离开办公桌。如果做不到这点，就会精力不济、创造力低下，最终危及健康。

用以下八种方法，你可以认清每天必须完成的工作并找到完成任务的策略。

一、每天都以计划开始

在核对电子邮件或语音邮件之前，每个工作日的头 15 分钟用于写下任务清单。写出清单后，你就会清楚地知道，哪些工作是今天必须完成的，哪些工作是在今后几天内完成的，哪些是长远的目标。这样你就会精确地找到需要优先处理的问题，从而避免被那些不重要的事情分散精力。这样，即使你决定在某个合适的时候停止工作，工作进度也在你的掌握之中，不会受到影响。

二、分派任务

在写出了任务清单后,认真考虑一下,哪些任务是可以分派给团队中的别的成员的。每天早早就找出了这些任务,就会使团队成员能够尽早开展工作,从而加快完成任务的速度。和你一样,同事也希望对每天的事情早做安排,如果你是在一天的最后几个小时才把任务分派给同事,同事会不高兴的,因为你有可能打乱了他们的计划。

三、控制干扰

不要让料想不到的电子邮件、电话和会议打乱你的工作计划,从而使你不得不加班。为控制干扰,可以这样做:每隔几个小时而不是每隔10分钟查看一次电子邮件;将电话转为语音邮件,只回复那些确有急事的电话;要求将会议安排在你方便的时候召开。

四、早工作早离开

加班加点工作到很晚可能会引发恶性循环——工作到很晚通常会使你起得晚,然后又导致你要工作到很晚,如此循环。在一个星期内强迫自己早点开始工作,早一点离开。开始这样做很困难,但你会很快发现,早点开始工作能够使你每天有做计划的时间,从而提高了你的工作效率。

五、不要在工作时间干私事

一些员工放任自己,在工作时间为私人事务分心。在工作时完全不考虑私人事务是不现实的,因此要对付账单、写感谢卡和其他影响工作效率的事情进行统筹安排。这些小事情会影响你的工作,如果你将很多时间用于与工作无关的事情，那么晚上要加班就是不可避免的。

六、下班一小时前才将电话铃声调响

在一天的正常工作结束后，将打进来的电话转到你的语音邮件系统中。这样做既可以保证你在正常工作时能够专心致志处理紧急事务，又能够使你不用工作到很晚的时间。

七、检查你的技术设备

"磨刀不误砍柴工"，对电脑和办公设备进行升级可以使你更为有效地工作，使你可以按时回家。例如，一台性能强大的电脑可以使你更快地进行网页搜索或是同时运行多个应用程序。

八、今日事，今日毕

许多员工由于白天完成不了任务，养成了熬夜的习惯。熬夜会使你工作效率降低，直至危害你的健康。因此，员工要想方设法提高工作效率，做到"今日事，今日毕"。

养成雷厉风行的工作作风

"雷厉风行"在现代汉语词典里的意思是：像雷一样猛烈，像风一样快，比喻执行政策法令等的严格迅速。实际上执行力也应该雷厉风行。严如雷霆，快如疾风。

雷厉风行是一种态度，对确定的方针、做出的决策、承担的工作，执行坚决、贯彻得力；雷厉风行是一种能力，面对任务要求、面对

困难阻力,能够想得出思路"破题",找得出办法"破冰",拿得出措施"破局";雷厉风行是一种勇气,是有敢于担当的气魄、敢闯敢试的气概、勇于负责的气度。

提高执行力,必须雷厉风行。执行力就是效益,就是速度。对上级的决策和工作部署,要全心全意,立即行动,排除一切不利因素和困难,不推诿、不扯皮,想尽一切办法,采取有效措施,以食不甘味,夜不安枕的精神,用最快的速度,最大的决心去履行职责,执行决策,按时按质按量完成任务,实现工作目标。坚决抛弃"等一等,看一看,缓一缓",找借口,讲"理由"的不良作风。必须做到执行政策和命令严厉而迅速,有令必行,有行必果。

雷厉风行是一种良好的工作作风、学习作风,也是一种良好的精神状态。振奋精神、转变作风、提高效能的一个重要标志就是要雷厉风行。

培养雷厉风行的工作作风,务必要真做真干,务求实效。有少数人善于坐而论道,表起工作决心来头头是道,但就是光说不做。"嘴巴行千里、屁股在屋里、行动在云里"的不良作风,必须坚决纠正。

一个雷厉风行的人,精明强干,见多识广,能出色地调度里里外外,说话掂过斤两,做每件事都用过心思,说干就干,干的每一件事都响当当的,让人佩服。在迅速的同时,还很稳重,踩稳第一步,才跨出第二步,思考周密,对事看得很透,做得完满得当,在任何急事面前从不见惊慌或忙乱,那永远沉着的劲儿,使周围的人都会变得镇静起来。

雷厉风行就是要闻风而动、只争朝夕。接到上级任务,像接力赛跑一样,拿到任务马上就去布置,遇到问题马上就去解决,有了目标马上就去落实。"今日事今日毕，明日事今日计"，我们要做到特事特办、快事快办、难事巧办。坚决克服把"易事"推成"难事"、把"简单事"搞成"繁杂事"的拖沓懒散作风。

说了就算，定了就干，说到做到，说好做好！

新：创新思维，突破定式

只有改革，才有活力；只有创新，才有发展。在竞争日益激烈、变化日趋迅猛的今天，创新和应变能力已成为推进发展的核心要素。因此，要提升执行力，就必须充分发挥主观能动性，创造性地开展工作。在日常工作中，我们要敢于突破思维定式和传统经验的束缚，不断寻求新的思路和方法，使执行的力度更大、速度更快、效果更好。

开发思维资源，提升执行力

思维是人类最宝贵的一种资源，开发创新思维，可以有力地促进执行力的提升。心理学家与哲学家都认为，思维是人脑经过长期进化而形成的一种特有的机能，并把思维定义为"人脑对客观事物的本质属性和事物之间内在联系的规律性所作出的概括与间接的反应"。我们所说的思维方法就是思考问题的方法，是将思维运用到日常生活中，用于解决问题的具体思考模式。

我们说，思路决定出路。因为思维方法不同，看问题的角度与方式就不同；因为思维方法不同，我们所采取的行动方案就不同；因为思维方法不同，我们面对机遇进行的选择就不同；因为思维方法不同，我们在人生路上收获的成果就不同。

有这样一个小故事，希望能对大家有所启发。

两个乡下人外出打工，一个打算去上海，一个打算去北京。可是在候车厅等车时，又都改变了主意，因为他们听邻座的人议论说，上海人精明，外地人问路都收费；北京人质朴，见吃不上饭的人，不仅给馒头，还送旧衣服。欲去上海的人想，还是北京好，赚不到钱也饿不死，幸亏车还没到，不然真是掉进了火坑；欲去北京的人想，还是上海好，给人带路都挣钱，还有什么不能赚钱的呢？我幸好还没上车，不然就失去了一次致富的机会。

于是，两个乡下人在退票处相遇了。原来要去北京的得到了去上海的票，欲去上海的得到了去北京的票。去北京的人发现，北京果然好，他初到北京的一个月，什么都没干，竟然没有饿着。不仅银行大厅的纯净水可以白喝，而且商场里欢迎品尝的点心也可以白吃。去上海的人发现，上海果然是一个可以发财的城市，干什么都可以赚钱，带路可以赚钱，开厕所可以赚钱，弄盆凉水让人洗脸也可以赚钱。只要想办法，花点力气就可以赚钱。凭着乡下人对泥土的感情和认识，他从郊外装了10包含有沙子和树叶的土，以"花盆土"的名义，向不见泥土又爱花的上海人出售。当天他在城郊间往返六次，净赚了50元钱。一年后，凭"花盆土"，他竟然在大上海拥有了一间小小的门面房。在长年的走街串巷中，他又有一个新发现：一些商店楼面亮丽而招牌较黑，一打听才知道是清洗公司只负责洗楼而不负责洗招牌的结果。他立即抓住这一空当，买了梯子、水桶和抹布，办起了一个小型清洗公司，专门负责清洗招牌。如今他的公司已有一百五十多名员工，业务也由上海发展到了杭州和南京。

不久，他坐火车去北京考察清洗市场。在北京站，一个捡破烂的人把头伸进卧铺车厢，向他要一个啤酒瓶，就在递瓶时，两人都愣住了，因为五年前他们曾经交换过一次车票。

我们常常感叹：面对相同的境遇，拥有相近的出身背景，持有相同的学历文凭，付出相近的努力，为什么有的人能够脱颖而出，而

新：创新思维，突破定式

有的人只能流于平庸？为什么有的人能够飞黄腾达、演绎完美人生，而有的人只能一败涂地、满怀怨恨而终？

我们不得不说：这些区别和差距的产生，恰恰就在于思维方法导致的执行力高低的不同。执行力高的人之所以成功，是因为他们掌握并运用了正确的思维方法。

正确的思维方法可以为人们提供更为准确、更为开阔的视角，能够帮助人们洞穿问题的本质，把握成功的先机。而失败的人之所以失败，是因为他们不善于改变思维方法，陷入了思维的误区和解决问题的困境，就像一位工匠雕琢一件艺术品时选错了工具，最后得到的必然不会是精品。

创新思维和提高执行力相结合

创新思维是一个单位发展的不竭源泉，执行力是单位发展的根本保证。可以将创新思维和执行力看做单位发展前行的两个车轮，相辅相成，缺一不可。每一个目标的实现，既需要创新能力，又需要高质量的执行力。因此，正确认识二者关系，切实增强创新能力，提高执行力，是一个人（自然也包括群体合作的单位）发展的必然选择。

创新思维和执行力是我们做好各项工作的两大法宝，创新思维和执行力要相互渗透，有机结合。创新思维需要执行力来实现，同时高质量的执行力也充满着创新的思维，这就是创新思维和执行力的辩证法。

一方面，创新思维是提高执行力的灵魂。没有创新思维，执行力便会成为复印机、传声筒，陷入教条主义、生搬硬套的泥潭，失去了前进的动力和方向。

现实中，人们往往扮演着既是决策者又是执行者的角色，即便是纯粹的执行者，在执行过程中也只有发扬开拓创新、锐意进取的精神，创造性地开展工作，才能确保各项工作执行到位，促进单位快速发展。因此，我们每一个人在执行一份任务或一项政策、制度时，都应该用创新的思维加以思考：是否能转变这种执行方式？有没有更好的方式能使执行的力度更大、速度更快、效果更好？不能单单为了执行而执行。

另一方面，提高执行力是保持创新活力的关键。没有执行力，再宏伟的蓝图也只是一纸空文，再正确的决策也会化为空中楼阁，再严谨的计划都会变成纸上谈兵。

西晋时期，士大夫崇尚清谈，坐而论道，提出了许多具有合理性的设想和建议。但是，由于缺乏执行的机制，缺乏执行的氛围，缺乏抓落实和执行的官员，许多好的主张最后只能成为士大夫们酒后茶余高谈阔论、附庸风雅的话料，晋朝也在美好的空谈中迅速地灭亡。

如果不想让好的想法、好的思路、好的规划被束之高阁，变成毫无意义的空想和空谈；不想让看起来必胜无疑的决策却因为行动不力而付之东流；不想让创造性的计划和行动方案无果而终，半路夭折——这都需要我们以严格高效的执行力去实现。

为此，要树立一种敢为人先、勇于突破常规的创新意识；树立一种坚决执行、积极主动执行的执行意识；树立一种在执行的过程中创新，创新地去执行的全局意识。

改变人生从转换思维开始

美国天文学家巴布科克说:"最常见同时也是代价最高昂的一个错误,就是认为成功依赖于某种天才、某种魔力,某些我们不具备的东西。"成功的要素其实掌握在我们自己手中,那就是正确的思维。一个人能飞多高,并非由人的其他因素,而是由他自己的思维所制约。

下面有这样一个故事,相信对大家会有启发。

一对老夫妻结婚五十周年之际,他们的儿女为了感谢他们的养育之恩,送给他们一张世界上最豪华客轮的头等舱船票。老夫妻非常高兴,登上了豪华游轮。真的是大开眼界,可以容纳几千人的豪华餐厅、歌舞厅、游泳池、赌厅等应有尽有。唯一遗憾的是,这些设施的价格非常昂贵,老夫妻一向很节省,舍不得去消费,只好待在豪华的头等舱里,或者到甲板上吹吹风,还好来的时候他们怕吃不惯船上的食物,带了一箱泡面。

乘坐游轮的旅程要结束了,老夫妻商量,回去以后如果邻居们问起来船上的饮食娱乐怎么样,他们都无法回答,所以决定最后一晚的晚餐到豪华餐厅里吃一顿,反正最后一次了,奢侈一次也无所谓。他们到了豪华的餐厅,烛光晚餐,精美的食物,他们吃得很开心,仿佛找到了初恋时候的感觉。晚餐结束后,丈夫叫来服务员要结账。服务员非常有礼貌地说:"请出示一下您的船票。"丈夫很生气:"难道你以为我们是偷渡上来的吗?"说着把船票丢给了服务员,服务员接过船票,在船票背面的很多空栏里画去了一格,并且十分惊讶地说:"二位上船以后没有任何消费吗?这是头等舱船票,船上所有的饮食、娱乐,包括赌博筹码都已经包含在船票里了。"

这对老夫妇为什么不能够尽情享受?是他们的思维禁锢了他们

的行为，他们没有想到将船票翻到背面看一看。我们每一个人都会遇到类似的经历，总是死守着现状而不愿改变。就像我们头脑中的思维方式，一旦哪一种观念占据了上风，便很难改变或不愿去改变，导致做事风格与方法没有半点变通的余地，最终只能将自己逼入"死胡同"。

如果我们能够像下面故事中的比尔一样，适时地转换自己的思维方法，就会使自己的思路更加清晰，视野更加开阔，做事的方法也会灵活，自然就会取得更优秀的成就。从某种程度上讲，改变了思维，人生的轨迹也会随之改变。

从前有一个村庄严重缺少饮用水，为了根本性地解决这个问题，村里的长者决定对外签订一份送水合同，以便每天都能有人把水送到村子里。艾德和比尔两个人愿意接受这份工作，于是村里的长者把这份合同同时给了这两个人，因为他们知道一定的竞争将既有益于保持价格低廉，又能确保水的供应。

获得合同后，比尔就奇怪地消失了，艾德立即行动了起来。没有了竞争使他很高兴，他每日奔波于相距一公里的湖泊和村庄之间，用水桶从湖中打水并运回村庄，再把打来的水倒在由村民们修建的一个结实的大蓄水池中。每天早晨他都必须起得比其他村民早，以便当村民需要用水时，蓄水池中已有足够的水供他们使用。这是一项相当艰苦的工作，但艾德很高兴，因为他能不断地挣到钱。

几个月后，比尔带着一个施工队和一笔投资回到了村庄。原来，比尔做了一份详细的商业计划，并凭借这份计划书找到了四位投资者，和他们一起开了一家公司，并雇用了一位职业经理。比尔的公司花了整整一年时间，修建了从村庄通往湖泊的输水管道。

在隆重的贯通典礼上，比尔宣布他的水比艾德的水更干净，因

为比尔知道有许多人抱怨艾德的水中有悬浮颗粒。比尔还宣称,他能够每天24小时、一星期七天不间断地为村民提供用水。而艾德却只能在工作日里送水,因为他在周末同样需要休息。同时比尔还宣布,对这种质量更高、供应更为可靠的水,他收取的价格却是艾德的75%。于是村民们欢呼雀跃、奔走相告,并立刻要求从比尔的管道上接水龙头。

为了与比尔竞争,艾德也立刻将他的水价降低到75%,并且又多买了几个水桶,以便每次多运送几桶水。为了保证水的干净,他还给每个桶都加上了盖子。用水需求越来越大,艾德一个人已经难以应付,他不得已雇用了员工,可又遇到了令他头痛的工会问题。工会要求他付更高的工资、提供更好的福利,并要求降低劳动强度,允许工会成员每次只运送一桶水。

此时,比尔又在想,这个村庄需要水,其他有类似环境的村庄一定也需要水。于是他重新制订了他的商业计划,开始向其他的村庄推销他的快速、大容量、低成本并且卫生的送水系统。每送出一桶水他只赚1便士,但是每天他能送几十万桶水。无论他是否工作,几十万人都要消费这几十万桶的水,而所有的这些钱最后都流入到比尔的银行账户中。显然,比尔不但开发了使水流向村庄的管道,而且还开发了一个使钱流向自己钱包的管道。

从此以后,比尔幸福地生活着,而艾德在他的余生里仍拼命地工作,最终还是陷入了"永久"的财务问题中。

比尔之所以能获得成功,就在于他懂得及时转变思维。当得到送水合同时,他并没有立即投入挑水的队伍中,而是运用他的系统思维将送水工程变成了一个体系,在这个体系中的人物各有分工,通力协作。当这一送水模式在该村庄获得成功后,比尔又运用他的联想思维与类比思维，考虑到其他的村庄也需要这种安全、卫生、方便的送水服务，更加开拓了他的业务范围。比尔正是运用了巧妙的思维达到了"巧干"的结果。

转换思维是所有人所追求的一种理想化的状态，这主要在于每个人的大脑资料储存量和运算速度，就好比计算机的处理器芯片，首先要往计算机里输入更多的资料这是前提，其次是处理器运算速度要快，才能在第一时间内有效地搜索到你储存的资料并能合理地应用。

要想转换思维，首先要不断地学习和吸收各方面的资料，做到最大的资料储存量，这是前提；第二要不断地整理和归类大脑里所储存的资料，以便可以最快速度找到和应用；第三就是提高自己的胆量，打破常规的界限，通俗点说就是想常人不敢想，做常人不敢做的，但是前提是要对自己有充分把握的情况下。

思路决定出路，思维改变人生。拥有正确的思维，运用正确的思维，灵活改变自己的思维，才能使自己的路越走越宽，才能使自己的成就越来越显著，才能演绎出更加精彩的人生画卷。

思路就是这样转换的

有这样一个故事：一家有父子两人。一天早晨，父亲派儿子去城里打酒。儿子走到城门口，跟正在出城门的人相遇了。两个人互不相让，一直站到中午。

家中的父亲见儿子迟迟不归，便前去寻找。他到了城门口，了解了情况后，便对儿子说："你先回去吃午饭，让我来替你站着。"

故事中的父子俩人真够执著的，执著得退后一步都不肯。让人

既觉着好笑，又觉着好气。

事实上，生活中也可见这样的人，思维一根筋，碰到南墙也不知道转向。这种一根筋的思维方式对工作任务的落实是有很大制约作用的。

在落实工作任务的过程中，人们遇到困难，应该坚持不懈，有韧劲，不达目的决不罢休。但有韧劲，并非是要在一棵树上吊死，而应该学会转换思路，转向思考。

所谓转向思考，就是思考问题，在一个方向上受阻时，换一个路径来思考问题。这就是"打得赢就打，打不赢就走"，或者说是"换一个地方打井"。

"换一个地方打井"的意思非常明确，就是在碰到难以解决的问题时，不要一条道走到黑，要学会转换思路。思路一变，问题就可能迎刃而解。

转向思考是帮助人们跳出思维框框，寻求问题解决之道的有效方式。它的实现形式主要有以下几种：

一、角度转换

所谓角度转换，就是换一个角度来思考问题。不同的思考角度，会有不同的思考结果。请看下面的故事：

一天，富翁走进纽约花旗银行的贷款部。他大模大样地坐了下来。

贷款部经理赶忙上前招呼："先生，有什么事情需要我的帮助吗？"

"噢，我想借些钱。"

"好啊，你要借多少？"

"一美元。"

"只需一美元？"

"是的，只借一美元，可以吗？"

"当然可以，不过您这样的绅士，只要有担保，多借一点也可以。"

"那这些担保可以吗？"富翁说着，从精致的皮包里取出一大堆珠宝堆在柜台上。

"喏，这是价值50万美元的珠宝，够吗？"

"当然，当然！不过，你只借一美元？"

"是的。"富翁接过一美元，准备离开银行。

一直在旁边观看的银行行长此时有点糊涂了，他怎么也弄不明白这位先生为什么抵押50万美元，却借一美元。

他急忙追上前去，对富翁说："先生，请等一下，我想知道你有价值50万美元的珠宝，为什么却只借一美元呢？假如你想借30万、40万美元的话，我们也会考虑的。"

"啊，是这样的：我来贵行之前，问过好几家金库，他们保险箱的租金都很昂贵，而作为借债抵押却很便宜，一年才六美分。"

不同的角度产生了不同的结果。放到金库存放，要花昂贵的保险费用，而借债抵押，一年只需要六美分。

二、要素转换

任何事物都是由各种不同的要素构成的。我们在遇到某些难以解决的问题时，不妨采取一些措施，来改变事物所包含的某一或某些要素，让事物发生符合"落实"需要的变化。这就是我们所说的要素转换思维方式。下面的故事形象地诠释了这种方法的功用。

在第二次世界大战期间，一艘满载军用物资的轮船，秘密地从日本某港口开出。

这艘货轮要经由上海、福州、广州，再经过马六甲海峡，驶向泰国，然后去缅甸，给那里的日军提供给养。

这艘货轮装的是从我国东北三省掠夺去的大豆。我抗日组织得知情报，立即指示我方特工人员要想方设法将这艘货轮在大海中炸沉。

我方特工人员接到指示，想办法混进了日本货轮。结果，他们没费一枪一弹，就将日本货轮给"炸沉"了。

原来，他们运用要素转换的思维方式，在大豆的性质上做文章。他们偷偷地向装满大豆的货仓灌水，让大豆膨胀，从而改变了大豆的性质要素：原来存放的是干燥的大豆，现在存放的是浸泡的大豆。

大豆经水浸泡，迅速膨胀，货舱的压力不断增大，最后，造成货舱爆裂，货轮沉入大海。我方特工人员成功地落实了上级的指示，完成了工作任务。

创新就是敢为天下先

谈到创新，人们会格外关注这个"新"字。既是创新，就应该有一些新想法、新举动，哪怕这是前人所不曾有的意念与行为。善于运用创新思维的人就要有"吃第一只螃蟹"的勇气，有"敢为天下先"的魄力。

尤伯罗斯就是这样一位"敢为天下先"的创新思维运用者。

1984年以前的奥运会主办国，几乎是"指定"的。对举办国而言，往往是喜忧参半。能举办奥运会，自然是国家民族的荣誉，也可以乘机宣传本国形象，但是以新场馆建设为主的巨大硬件软件的投入，又将使政府负担巨大的财政赤字。1976年加拿大主办蒙特利尔奥运会，亏损10亿美元，预计这一巨额债务到2003年才能还清，1980年，苏联莫斯科奥运会总支出达90亿美元，具体债务更是一个天文数字。奥运会几乎成了为"国家民族利益"而举办，为"政治需要"而举办赔本已成奥运会定律。

直到1984年的洛杉矶奥运会，美国商界奇才尤伯罗斯接手主办奥运，他运用其超人的创新思维，改写了奥运经济的历史，不仅首度创下了奥运史上第一笔巨额赢利纪录，更重要的是建立了一套"奥运经济学"模式，为以后的主办城市如何运作提供了样板。从那以后，争办奥运者如过江之鲫。因为名利双收是铁定的，借钱也得干。

寻求创新，首先是从政府开始的。鉴于其他国家举办奥运会的亏损情况，洛杉矶市政府在得到主办权后，马上作出一项史无前例的决议：第23届奥运会不动用任何公用基金。因此而开创了民办奥运会的先河。

尤伯罗斯接手奥运之后，发现组委会竟连一家皮包公司都不如，没有秘书、没有电话、没有办公室，甚至连一个账号都没有。一切都得从零开始，尤伯罗斯决定破釜沉舟，他将自己旅游公司的股份卖掉，开始招募雇用人员，然后以一种前无古人的创新思维定了乾坤：把奥运会商业化，进行市场运作。

于是一场轰轰烈烈的"革命"就此展开。洛杉矶市长不无夸耀地评价说："尤伯罗斯正在领导着第二次世界大战以来最大的运动。"

第一步是开源节流。尤伯罗斯认为，自1932年洛杉矶奥运会以来，规模大、虚浮、奢华和浪费已成为时尚。他决定想尽一切办法节省不必要的开支。首先，他本人以身作则不领薪水，在这种精神感召下，有数万名工作人员甘当义工；其次，沿用洛杉矶既有的

体育场；再次，把当地三所大学的宿舍作为奥运村。仅后两项措施就节约了数以十亿计的美金。点点滴滴都体现其创新思维的功力与胆识。

第二步是声势浩大的"圣火传递"活动。奥运圣火在希腊点燃后，在美国举行横贯美国本土的圣火接力。用捐款的办法，谁出钱谁就可以举着火炬跑上一程。全程圣火传递权以每千米3000美元出售。尤伯罗斯实际上是在拍卖百年奥运的历史、荣誉等巨大的无形资产。

第三步是狠抓赞助、转播和门票三大主营收入。尤伯罗斯出人意料地提出，赞助金额不得低于500万美元，而且不许在场地内包括其空中做商业广告。这些苛刻的条件反而刺激了赞助商的热情。尤伯罗斯最终从150家赞助商中选定30家。此举共筹到1.17亿美元。

最大的收益来自独家电视转播权转让。尤伯罗斯采取美国三大电视网竞投的方式，结果，美国广播公司以2.25亿美元夺得电视转播权。尤伯罗斯首次打破奥运会广播电台免费转播比赛的惯例，把广播转播权卖给美国、欧洲及澳大利亚的广播公司。

门票收入，通过强大的广告宣传和新闻炒作，也取得了历史上的最高水平。

第四步是出售以本届奥运会吉祥物山姆鹰为主的标志及相关纪念品。结果，在短短的十几天内，第23届奥运会总支出5.11亿美元，赢利2.5亿美元，是原计划的10倍。尤伯罗斯本人也得到4.75万美元的红利。在闭幕式上，国际奥委会主席萨马兰奇向尤伯罗斯颁发了一枚特别的金牌，报界称此为"本届奥运会最大的一枚金牌"。

尤伯罗斯的举措体现了几方面的突破：一是改变了奥运会由举办国政府埋单的惯例，将奥运会转为商业化运作；二是与商业界、广播电台等打造了双赢的局面；三是开发了奥运会附属商品，如纪念品等。而这些，在历届奥运会的举办历史上都是不曾有的。

尤伯罗斯以创新的思维实现了对旧模式的突破。而创新又无一例外地是建立在打破旧观念、旧传统、旧思维、旧模式的基础之上的。只有跳出传统的思维束缚圈，敢于想别人没有想过、做别人没有做过的事情，才能开拓自己的思路，创新自己的方法，找到解决问题的最佳途径。尤伯罗斯做到了这一点，他无疑是一个成功者。

新的事物永远是有活力的，创新思维就是要为自己的发展寻求并注入活力，培养创新思维就要敢为天下先，要敢于走别人没走过的路，要敢于在竞争中拼抢先机。唐朝杨巨源有诗："诗家清景在新春，绿柳才黄半未匀。若待上林花似锦，出门俱是看花人。"在此借来一用。如果做不到巧妙运用创新思维，做不到不断创新，总是跟在别人屁股后面跑，那么，你就只能去做那"看花人"，去欣赏别人栽种出的"上林花"了。

善于思考才能解决问题

执行贵在创新，只有创新，我们才能创造性地开展工作，才能找到解决问题的有效方法，才能把工作真正落到实处。

国外有这样一句谚语："用脚走不通的路，用头可以走得通。"这就是说，遇到难以解决的问题，只要善于思考，就能找到解决问题的方法。

思考是进行比较深刻、周到的思维活动。它是我们在落实工作任务的过程中，走向成功的必备条件。

在工作任务落实的过程中，如果我们遇到了"南墙"，用"脚"

走不通,就应该进行"心灵远足",用思考的方法来解决疑难问题。

事实上,一个人用"头"的时间越多,他用"脚"的时间可能就越少。古希腊著名思想家毕达哥拉斯就强调,思而后行,以免做出愚蠢的事。

所以,有人说:"一天周到思考,胜过百天徒劳。""行成于思,而毁于随"、"磨刀不误砍柴工",讲的都是这个道理。因此,落实,必须提倡心灵远足,多思考。

一、多思出智慧

遇到难以解决的问题、难以落实的工作任务,如果盲干、硬干,很可能工夫没少费,问题却解决不了,任务也无法完成,甚至还可能增加了更大的困难。但如果把解决问题的思路想清楚了,把落实任务的措施想妥当了,问题的解决,任务的完成,就是水到渠成的事了。正如英国一思想家所言:一个好头脑胜过一百只强壮的手。

常言说:"愚者千虑,必有一得。"即使是再愚笨的人,只要他能够多思考问题,也总会想出一点办法的。

生物进化论揭示,人体器官具有"用进废退"的基本规律。经常思考问题的人,会变得睿智、聪慧。而怕动脑筋、思想慵懒的人,则会变得愚笨,成为庸人。

二、多思出能力

工作任务能否有效落实,疑难问题能否有效解决,与任务承担者的能力、素质有着直接的关系。

解决问题能力强的人,思路开阔。遇到问题,总能想方设法予以解决。而要提升这种解决问题的能力,思考是一条重要的途径。

钱学森在北京师大附属小学读书的时候，最爱和同学们玩投掷飞镖的游戏。他折的飞镖飞得又稳又远。小伙伴们又羡慕又惊奇，以为这里边有什么"鬼"。自然课老师便让钱学森向同学们讲出其中的奥秘。

钱学森说："我的飞镖没有什么秘密，只是经过多次失败之后一步一步改得好起来。我的飞镖用的纸比较光。头不能做得太重，也不能太轻，否则就飞不起来；翅膀也不能叠得太小，也不能太大，否则就飞不稳也飞不远。这是我多次实验悟出来的道理。"

听了钱学森的话，自然课老师对同学们说："钱学森爱动脑子，从实验中摸索出了折叠飞镖的方法。把飞镖折得规整，叠得有棱有角，就可以保持平衡，减少空气阻力，巧妙地借助风力和浮力，这样飞镖就飞得又稳又远了。"

成功的创造来自成功的思考。钱学森的飞镖之所以能飞得又稳又远，就在于他制作飞镖前，进行了成功的思考。不仅如此，每一次失败又都是他思考的起点。通过不断地思考，他终于制作出了让同学们羡慕的飞镖。

三、多思出灵感

灵感不是从天上掉下来的，而是不懈探求、勤于思考的结果。正如著名数学家华罗庚所说："如果说，科学上的发现有什么偶然的机遇的话，那么，这种'偶然的机遇'只能给那些学有素养的人，给那些善于独立思考的人，给那些具有锲而不舍的精神的人，而不会给懒汉。"

发明速算法的史丰收，从小就爱动脑筋，经常有一些不同于他人的独立见解。

史丰收在上小学二年级时,他看老师在黑板上演算,便产生了一个想法:做算术题能否从左向右,从高位算起呢?他开始探索这个问题,经过十多年的刻苦研究,他终于创造出了13位数以内加减乘除和开方、平方的速算法。

史丰收的创造发明,就得益于他的独立思考。他不迷信,不盲从,善于独立思考。正是因为这种禀性,使得他成了速算法的发明者。

思考有助于提升能力,解决问题。但这种思考不是浅尝辄止的思考,而是深层次的思考。如果缺乏深层次的思考,即使你走到了解决问题的边缘,但你依然不能最终解决问题。

实践证明,能最终有效地解决问题的人,都是善于深层次思考问题的人。

班廷是胰腺素的发现者。胰腺素的发现得益于他能够深层次地思考问题。

早在班廷之前,有人就已经发现把狗的胰腺切除,狗就会得糖尿病。这个发现还被记载在1898年的医学杂志上。然而他们没有再进一步思考为什么会是这样。

可是,加拿大医生班廷读了这个记载后却开始思考:胰腺里可能会有一种物质,控制动物包括人的血液中糖的含量,那么这是什么物质?怎么提取?班廷动起脑筋来。经过实验,他终于发现了医学史上和生物学史上很重要的胰腺素。

叩诊是医生诊病的一种重要方法。这种方法是奥地利医生布鲁格发明的。

布鲁格的父亲是一位卖酒的商人,为了判断高大的酒桶里是否还有酒,他总是用手在桶外敲敲,然后由声音判断桶里还有多少酒,是满桶还是空桶。看着父亲的做法,布鲁格陷入了深思:人的胸腔和腹腔不也像只桶吗？既然父亲敲酒桶就能知道酒的多少，那么，医生敲敲病人的胸腔、腹腔，并认真倾听，不就可以由声音判断他的病情了吗？于是，他认真钻研，终于发明了叩诊这种重要的诊病方法。

见过敲酒桶的人绝不仅仅是布鲁格一人，但发明叩诊这种重要的诊病方法的人，却只有布鲁格一人。

别人见了敲酒桶这种行为也就是一见了之，但布鲁格则能深入地思考。正是这种思考，使布鲁格成为叩诊的发明者。

独立思考有助于创新

有一天晚上，物理学家卢瑟福走进实验室，当时已经很晚了，见一个学生仍俯身在工作台上，便问道："这么晚了，你还在干什么呢？"

学生回答说："我在工作。"

"那你白天干什么呢？"

"我也工作。"

"那么你早上也在工作吗？"

"是的，教授，早上我也工作。"

于是，卢瑟福向他提出了一个问题："那么这样一来，你用什么时间思考呢？"

思考？这个学生之前显然没有意识到这个问题，做学问还要思考！

后来，这个学生通过仔细观察发现，每天傍晚，不管实验工作进行得顺利还是不顺利，卢瑟福总是在走廊里散步，那种神情表明

他正在思考。

卢瑟福经常对他的学生说:"不要死记硬背,也不要满足于实验,而要学会思考。只有勤于和善于思考的人,才能获得知识,取得成就。"做研究如此,做任何事情都是如此。思考是我们的思路通往外界的一扇窗,通过思考,我们的思维才能够在知识的天空翱翔,取得出众的成果。

思考的方法有很多种,其中又以独立思考为最重要。因为,独立的思考能力是现代创造性活动的基本要求。具体来说,独立的思考能力是针对具体问题进行深入分析而提出自己的独创见解的能力,它也是一种运用已经掌握的理论知识和已经积累的经验教训,独立地、创造性地分析和解决实际问题的综合能力。

我们在创造性活动中,要善于根据实际情况进行独立的分析和思考,对问题的认识和解决有独创见解,不受他人暗示的影响,不依赖于他人的结论,努力防止思想的依赖性。

从某种程度来讲,工作就是一个思考的过程;工作取得进步,就是一个思考深入的过程。思考得多了,想到的方法自然就多了。当一个猎人打了一只兔子时,他就会想办法去猎一只鹿,当他猎到一只鹿时,他就会想如何去打一只熊。只有这样不断地思考,不断地寻找更好、更有效的办法,才有可能成为一名优秀的猎人。工作何尝不是一个猎人的思考过程呢?

很多成功的创新人士和发明专家,他们都十分重视独立思考的力量。

我国有一个小学三年级的学生一次随他爸爸去宾馆,迎面看见墙上并列排着七座大钟,分别显示世界各地当时的准确时间。可为什么要挂那么多钟?

不能仅用一座钟来表示各地的时间吗？他坚持认为挂钟多，既占地方又费钱。他年纪虽小，但善于独立思考，经过多次试验，发明出"新式世界钟"，这种钟可代替那7座钟的功能，被评为全国青少年发明创新一等奖。

一位智者强调，要培养你的创新思维，一定要养成独立思考、刻苦钻研的良好习惯，千万不要人云亦云，读死书，死读书。

人性中普遍存在着两个相反的特质，这两个特质都是积极思考的绊脚石。

轻信（不凭证据或只凭很少的证据就相信）是人类的一大缺点，独立思考者的脑子里永远有一个问号，你必须质疑企图影响正确思考的每一个人和每一件事。这并不是缺乏信心的表现。事实上，它是尊重造物主的最佳表现，因为你已了解到你的思想，是从造物主那儿得到的唯一可由你完全控制的东西，而你应该珍惜这份福气。如果你是一位独立的思考者，你就是你思维的主人，而非奴隶。你不应给予任何人控制你思想的机会，你必须拒绝错误的倾向。然而人们往往会接受那些一再出现在脑海中的观念——无论它是好的或是坏的，是正确的或是错误的。

人类另一项共同的弱点，就是不相信他们所了解的事物。

当莱特兄弟宣布他们发明了一种会飞的机器，并且邀请记者亲自来观看时，没有人接受他们的邀请。当马可尼宣布他发明了一种不需要电线就可传递信息的方法时，他的亲戚甚至把他送到精神病院去检查，他们还以为他失去了理智呢！

在没有弄清楚之前，就采取鄙视的态度，只会限制你的机会、信心、热忱以及创造力。不要认为未经证实的事情和任何新的事物都是不可能的。独立思考的目的，在于帮助你了解新观念或不寻常

的事情，而不是阻止你去研究它们。

爱因斯坦说："我没有什么特别才能，不过喜欢寻根究底地追求问题罢了。"在这个寻根究底的过程中，最常用的方法就是思考。他自己深有体会地说："学习知识要善于思考、思考、再思考，我就是靠这个学习方法成为科学家的。"

美国计算机科学家尼葛洛庞帝说："我不做具体研究工作，只是在思考。"

达尔文说："我耐心地回想或思考任何悬而未决的问题，甚至连费数年亦在所不惜。"

牛顿说："思索，持续不断地思索，以待天曙，渐渐地见到光明。如果说我对世界有些微薄贡献，那不是由于别的，只是由于我的辛勤耐久的思索所致。"他甚至这样评价思考："我的成功当归功于精心的思索。"

从这些名言中，我们不难得出这样一个道理：思考是一个人有所创造最重要、最基本的心理品质，独立思考是创新思维的助手。所以，养成独立思考的习惯，是要成大事的人必备的条件。

用独立思考进行创新思维，你可以尝试以下的思路：

请独立面对问题，不要轻易依赖别人；与习惯性思想的来源相隔离，不要先插上电源然后用电视、电脑或者是去图书馆找答案，先自己想想；你尽管不能与世界相隔绝，但是你可以通过限制习惯性观点的摄入量来增加你独立思考的量；这意味着减少接触媒体的时间和精力，独立思考者不一定是异类，但是他们不因循而守旧，他们尝试以一种新的标准来看世界而不是仅仅从电脑屏幕前获取一切。

将自己浸于与自己现有观点矛盾的经历中，不要总是以一个新一点的习惯性思维去替换掉旧的，你可以主动寻找与自己的观点不一致的经历，它们可能存在于外国文化，不寻常的亚文化中，或是在你不赞同的书中。这一点可以这样看，它不是让你接受一个装思考的新火车，而是荒废掉习惯性思考的铁路。

以旁观者的眼光看进程，把你的平常生活抛在脑后可以赋予你这样一种自由：从另一个角度看问题，观察这个世界将带给你一种思考自我的平和，静静地站一会，任时光流逝，这可以给你嘲笑自己所持的信念以及寻找一片新大陆的机会。

随机化你的生活圈，不要总去相同的场所，吃相同的食物，与相同的人谈天，你可以积极地追寻新的经历。许多人习惯了这种简单的决定，这样可以带来安全感，但如果你想独立地思考，你需要跳出你所习惯的圈子。

练习质疑，你可以尝试养成本能地质疑习惯性观点的习惯，但不要成为犬儒主义者，不要认为那些"真理"是不证自明的，只有当自己确信在逻辑的后面还有事实来支持它们之后，再做出判断。

创新思维的与众不同法则

创新，就意味着走一条与众不同的道路。从思维的角度来看，创新分两大类：一类是超越极限的突破式创新，一类是有别于常规的差异式创新。前者属于顶尖型创新，是在最前沿的突破，是无中生有的创造，它对创新者的知识积累和智力素质要求很高，普通人很难做到。后者属于大众型创新，在工作、学习、生活中随处可见，一般人只要有创新的意识，掌握一般的创新技巧就可以做到。

与众不同法则的核心是一种主动挑战的理念，即敢于做少数人，敢于突破环境束缚，敢于违背多数人的意见。

做少数人，是一件很酷的事情！大家想象一下，在芸芸众生之中，有那么一群少数人，他们观念奇特、智力超群、思维方式与众不同，从数量上讲他们只占亿万人类的极少数，但他们的智慧能量和对人类整体发展的推动作用却是无与伦比的，所以他们被尊称为英雄、贤哲、伟人、哲学家、科学家、艺术家、教育家、政治家、军事家、企业家……

著名哲学家培根曾说："做庸俗鄙陋的生物并不是大自然为我们人类所制订的计划；它生了我们，把我们生在这宇宙间，犹如将我们放在某种伟大的竞赛场上，要我们既做它丰功伟绩的观众，又做它的雄心勃勃、力争上游的竞争者；它一开始就在我们的灵魂中植入一种所向无敌的，对于一切伟大的事物，一切比我们更神圣的事物的热爱。"

由此可见，来到这个世界上的每个人都是独一无二的，每个人都有必要深刻思考自己应当如何有价值地度过一生，是做那极少数的人类精英，社会成功者，还是泯灭于众，如枯草腐木般窒息而死。

做少数人，同时也是一件很苦的事情！在任何领域，要成为顶尖高手，要成为极少数的精英都需要经历炼狱般的磨砺和苦修，因为成功的道路上没有捷径，也没有平坦的道路，若想有大成必须有大恒心、大毅力、大智慧。

那么，与众不同是不是处处与别人不一样，处处与别人唱反调？当然不是！正确或成功是第一位的，与众不同只是手段，不是目的。我们没必要处处与别人不一样，更没有理由处处与别人唱反调。那种为与众不同而与众不同是对创新的非常肤浅的理解。

正确的与众不同法则包含三重含义：一是多元化是一条自然法则，客观存在多样性的发展空间；二是盲目从众是危险的，真理有的时候掌握在少数人手里；三是思维的盲区无处不在，与众不同的诀窍在于发现常人的思维盲区，并获得成功。

以产品为例，花样繁多是一种广度上的与众不同，精品、极品是一种高度上的与众不同。以经营为例，逆向经营是一种方向上的与众不同，超前经营是一种时间上的与众不同。以事业为例，选择冷门是一种价值上的与众不同，标新立异是一种形式上的与众不同。以学习为例，独辟蹊径是学习方法上的与众不同，因材施教是教育方法的与众不同。比如别人都穿名牌，你可以穿普通的衣服，别人都浓妆艳抹，你可以素面朝天。

当然，如果仅仅是在物质层面、有形层面追求与众不同是很难与他人区分开的，因为有形的是有限的，唯有无形的才是无限的。真正能使你与他人区别开来的还在无形的层面。也就是说，你的思想、你的观念、你的追求形成了你的气质和精神面貌，你的审美观、你的创意、你的服饰搭配技巧决定了你的衣着整体效果和时尚美观水准。这些无形层面的要素才是真正让你与他人区分开的秘密，而有形层面的东西不过是你手中摆弄的积木。

这就好比一篇文章的文采，文采高低取决于无形的写作思想和遣词造句的技巧，而有形的文字不过是组合用的"积木"；一栋大厦的优劣取决于无形的设计思想和施工建造的技术，而有形的钢筋水泥不过是组合用的"积木"。同样，服饰的美丑取决于无形的气质思想和服饰搭配的技巧，而有形的衣服不过是组合用的"积木"。

如果把视野放得更开阔些，我们会看到实际上古今中外各个领域的成功精英之所以与众不同，创造了常人所不及的奇迹，为后人所铭记仰视，归根到底就在于他们脖子以上与众不同，即头脑深处无形世界的与众不同。

将整体目标分解的执行技巧

我们常常被一个问题的复杂和棘手所吓倒,认为解决它几乎是"不可能完成的任务"。但你是否尝试过将这个吓倒你的大问题分解成一个个小问题来解决的执行技巧呢?其实,在执行的过程中,考察事物时可以将其作为一个整体,解决问题时则可以将一个整体分为小的阶段,逐个进行突破。

火箭的自重至少要达到 100 万吨,而如此笨重的庞然大物无论如何也是无法飞上天空的。因此,在很长一段时间里,科学界都一致认定:火箭根本不可能被送上月球。直到有人提出"分级火箭"的思想,问题才豁然开朗起来。

将火箭分成若干级,当第一级将其他级送出大气层时便自行脱落以减轻质量,这样火箭的其他部分就能轻松地逼近月球了。

分级火箭的设计思想启示我们:学会把目标分解开来,化整为零,变成一个个容易实现的小目标,然后将其各个击破。

在 1984 年的东京国际马拉松邀请赛中,名不见经传的日本选手山田本一出人意料地夺得了冠军。当记者问他凭什么取得如此惊人的成绩时,山田本一笑了笑:"凭智慧战胜对手。"记者当场蒙了,以为山田本一故弄玄虚,哪有马拉松靠智慧而不靠体力和耐力取胜的?两年后,意大利国际马拉松邀请赛在米兰举行,山田本一代表日本参赛。这一次,他又夺得了冠军。记者再次请他谈谈经验,山田本一沉默了一会儿,还是说了那句话:"凭智慧战胜对手。"记者还是迷惑不解,他到底靠的是什么智慧呢?

十年后,这个谜底终于在他的自传中揭开。他在自传中写道:"每次比赛前，我都要乘车把比赛路线仔细看一遍，并把沿途比较醒目的标志画下来，比如第一个标志是银行，第二个标志是一棵大树，第三个……一直画到赛程终点。比赛开始后，我就以百米冲刺的速度奋力冲向第一个目标，到达第一个目标后，我休整自己，又以同样的速度向第二个目标冲去。几十公里的赛程就这样被我分解成多个小目标轻松地跑完。其实，起初我并不懂得这样的道理，我始终把我的目标定在终点线上的那面旗帜上，结果我跑到十几公里处就疲惫不堪了，我被前面那段遥远的路程给吓倒了。"

我们的生活、工作都像是一场场的马拉松比赛，许多困难乍一看遥不可及，但我们若能本着从零开始，从点滴去实现的决心，有效地将问题分解成许多板块，然后分阶段向目标前进，就能大大提升我们攻克难关的信心和解决问题的效率。

"分"是一种大智慧，它不仅能够帮助我们解决心理上的压力，也能帮助我们将难以解决的问题高效解决。

拿破仑·希尔曾举过这样一个例子：

同样是做房地产生意，杰克计划向银行贷款大约1.2亿美元，而罗比则向银行贷款11939万美元。

最后，银行贷款给罗比，而拒绝了杰克的贷款请求。

在银行主任看来，罗比的预算具体且考虑很周到，说明罗比办事仔细认真，成功的希望较大。

罗比是怎样做到将预算计划得如此详细呢？罗比介绍了一种将目标逐一击破的方法。利用这种方法，你可以对自己的工作进行规划：

假设你的工作计划为五年，让你的五年宏伟目标获得成功的秘诀是化整为零，每天做一点能做到的事。

一是将你的目标分成五份，就是把五年目标分成五份，变成五

个一年目标，那你就可以确切地知道从现在到明年的此刻你必须完成的工作了。

二是将每年的目标分成十二份，那么祝贺你，你将进一步有了每月的目标了。如果要落实你的五年计划，你现在就能更清楚地了解从现在到下月的此时你应该完成什么了。

三是将每月的目标分成四份，现在你可以知道下星期一早上必须着手做什么了。同时，唯有如此，你才会毫不迟疑地去做自己该做的事，然后，继续进行下一步。

四是将每周的目标分成五到七份。用哪个数字划分，完全取决于你打算每周以几天从事这项工作。如果喜欢一周工作七天，则分成七份；如果认为五天不错，就分成五份。选择哪一种全靠你自己。但是，不论作何种选择，结果都是一成不变的：为了成功，我今天必须做的是什么？

当你从头到尾采取这种程序后，每天早晨就会胸有成竹地奔向坚定不移的目标，日复一日，年复一年，直至达到你最终的理想。

内容明晰的每周、每月和每年的目标，有助于你发挥个人所长，集中精力，全力以赴地完成既定工作，从而获取个人的成功和幸福。同时，分成可行的逐日小目标可以减轻你因为茫然不知所措而产生的烦躁。

如果你对所做的事情不断怀疑，事情往往会做得很糟糕。但是，一旦你知道所做的事正好掌握了最佳时机，你就一定会做得更快、更好，而且有更大的热情和冲劲。

确立五年目标，并将它们划分成可以逐日完成的工作还有一个益处，即它能帮你判断你是否已真正瞄准目标。

例如：你从事销售，并决定一年内要拜访500个新主顾才能达到销售额，那么扣掉周末和节假日，一年大约有250个工作日。也就是说，每个工作日只需拜访两个人（上午、下午各一人）就可以达到目标了。

如果你真的一天拜访两个人，将来有一天，当你发现自己一年竟已拜访了500个后，可能就会说："我还可以做得更好，等着瞧吧！"

或者还有另一种情况，你发现每周五天的计划竟只用三天半就完成了。因此，第二个月的月底，就已经在做第五个月的工作计划了。所以，确立逐日的五年目标这一做法，消除了成功遥不可及的神秘感，彻底把它化为行动。

工作中遇到的困难就是我们要攻克的目标。每个人都会有或多或少的惧难心理，如果困难太大，很容易使我们因畏惧而裹足不前。系统思维告诉我们：若将困难划分为一个阶段一个阶段的具体目标，继而有针对性地去攻破，那么，无论多大的困难都会被我们瓦解了。

在人生中要有效地运用"目标分解法"需遵循以下几个基本原则：一是不求快。因为"求快"就会造成对自己的压力，欲速则不达。二是不求多。因为"求多"会让自己无力承担，丧失累积的勇气。三是不中断。因为一旦中断，会影响累积的效果和意志，功亏一篑。

敢于突破固有的思维定式

提升执行力的首要途径就是打破惯有的思维方式。我们的传统思维方式都是"有因才有果"，根据现有条件设定目标。但是在激励系统中，我们要尽量打破这种惯用思维方式，使用"果因关系"的思维模式，根据目标制订实施计划，才能达到目标。

有这样一个故事：在一座无人居住的房子外，一只鸟儿每日总

是准时光顾。它站在窗台上，不停地以头撞击玻璃窗，每次总被撞落回窗台。但它坚持不懈，每天总要撞上十来分钟之后才离开。人们猜测这只鸟大概是为了飞进那房间。然而，在鸟儿站立的窗台边，另一扇窗户是大开的，于是人们便得出这样的结论：这是一只笨鸟。后来，有人用望远镜观察，发现那玻璃窗上沾满了小飞虫的尸体。鸟儿每次吃得不亦乐乎！人们怎么也没有想到鸟儿有如此独特的觅食方式，而人类总是按照自己日常的思维方式去评判鸟儿的世界。

由此可见，人们在生活中，一旦形成了某种固定观念，就会束缚住自己的手脚，限制住自己的思维，形成可怕的思维定式，这是很多人的一种愚顽的"难治之症"。

所谓思维定式，是指人们从事某项活动的一种预先准备的心理状态，它能够影响后继活动的趋势、程度和方式。构成思维定式的因素，主要是认知的固定倾向。

先前形成的知识、经验、习惯，都会使人们形成认知的固定倾向，从而影响后来的分析、判断，形成"思维定式"——即思维总是摆脱不了已有"框框"的束缚，表现出消极的思维定式。

比如有这样一个问题：篮子里有四个苹果，由四个小孩子平均分，到最后，篮子里还有一个苹果。请问他们是怎样分的？

这个问题的答案只能是：四个小孩一人一个。这个答案，许多人可能不服气：不是说四个孩子平均分四个苹果吗？那篮子里剩下的一个怎么解释呢？首先，题目中并没有"剩下"的字眼；其次，那三个小孩子拿了应得的一份，最后一份当然是最后一个孩子的。至于他把苹果留在篮子里或者拿在手上，这并没有什么区别。

经常看到一些人为解答这类问题而绞尽脑汁。他们困于认识的固定倾向，而不能识破题目布下的圈套。由认识的固定倾向所产生的消极的思维定式,是禁锢人的思维的枷锁。

认识的固定倾向是一种习惯,而习惯却是一种因循式的思维形式。习惯——我们已经熟练掌握的不假思索的反应行为和适应行为,经常使我们不饥而食,不困而眠,不愠而吼,压倒合理的思想而不给它以自由发挥的机会。若我们想要提高我们的能力,就必须从冲破思维定式开始。

思维最大的敌人,是习惯性思维。世界观、生活环境和知识背景都会影响到人们对事对物的态度和思维方式,不过最重要的影响因素是过去的经验。生活中有很多经验,它们会时刻影响我们的思维。

人们在思考问题时会遇到各种各样的障碍,同样,在对创造性思维的理解上也往往会陷入一些误区,下面我们来具体地看看。

其一,创造性思维是一种天分,有些人有,有些人没有。这样的想法是不对的,创造性思维人人都有,只是程度不同而已。可能有的人思维活跃一些,有的人思维迟钝一些,但是人人都有创造性思维是肯定的。

其二,新点子会突如其来,不可能事先估计策划。这个想法也是不对的。有意识的深思熟虑才是真正的积累,积累到一定程度,好点子才可能"突如其来"。

其三,创造性思维一定是异想天开,标新立异才顶用。事实上,在实际工作中,创造性思维恰恰是理性、务实的。创造性思维不应该是一种异想天开和标新立异,而是与日常生活和工作密切相关的。当然,思考过程中可以异想天开一点,将异想天开的思维运用于实践当然好,但不要误以为异想天开、标新立异就是创造。

其四,创造性思维是高层管理人员的工作,不关我的事。这也是不对的。你不妨自问:是你的领导熟悉你的工作,还是你自己熟

悉你的工作？每一个改革或改良，未必是什么大的动作，但这个小动作可能会有很大的收益。如果不是非常熟悉这些东西，怎么可能进行改进呢？每个人自己都最熟悉自己的日常工作，而不是领导者。创造性思维不仅是专家和领导的事情，也是每一个人尤其是最熟悉日常工作细节的人的事情。所以说，在一个企业或单位里，改革的力量来自哪里？不是来自于领导，而是来自于员工自己。因为你对自己的工作最熟悉、最有发言权。

其五，创造都是大的举动。事实上，正所谓"四两拨千斤"，每一个小小的改进，都可能会大大影响绩效。在现实生活中，也经常有这样的例子：在工艺上或在整个工作流程中，一个非常小的改变可能会对最终的结果产生非常大的影响。所以不要忽略这些小小的改进。

我们来看这样一个案例：在丰田、摩托罗拉等很多企业，都有一个给工人准备的"创造区"，里边有很多车床和工具。任何生产线上的工人如果有想法的话，都可以在这个区里试验。在创造区里，工人们可以按自己的想法去实施、去修改；如果在某一个方面出现停滞，他会把他做的半成品放在那儿，然后贴上条，把意见写在上面，以便其他人参与研究。

像这种工作中的创新性思维，不是异想天开的，而是非常务实、非常理性的。

还有一个案例是这样的：一个公司流水线上的工人，不断地进行改良和创新，把一个流程从两个多小时缩短到一分半钟！原来的BP机板是整个的，要切开以后再焊接，他们把第一步改成先焊接再切开，因为这样可以用机械手一次性焊成，缩短了时间。之后，他们不断改进，每一步都只有非常小的进步，但是每一步都很坚实，最后的结果是把流程从两个多小时缩短到了一分半钟。后来这一组工人受到了公司总部的奖励,他们的经验得到了极大推广,提高了生产率。

这个公司的绩效改变无疑是非常惊人的,而这个惊人的绩效的改变都是来自于一小步、一小步的改变,来自于每天跟日常工作打交道的工人,而不是工程师,不是领导。

思维是人类最为本质的特征,是人一切活动的源头,也是创新的源头。有了创新思维才能开始创新活动,有了创新活动才能产生创新成果。一个人的思维能力总体处于发展、变化的趋势中,但也会存在一种相对稳定的状态,这种状态是由一系列的思维定式所构成,由一系列思维定式的品质所表现。

人们发现问题、研究问题、解决问题往往都是凭借原有的思维活动的路径(即思维定式)进行思维的。人们认识未知、解决未知,都是以已知或已知的组合、变换为阶梯。要想提高思维能力,就要突破原来的思维定式,更新原来的思维模式,优化、深化思维的品质。

那么,如何突破思维定式,更新思维模式呢?可从以下几个方面培养创建思维的素质。

一、突破书本定式

有位拳师,熟读拳法,与人谈论拳术滔滔不绝,拳师打人,也确实战无不胜,可他就是打不过自己的老婆。拳师的老婆是一位不知拳法为何物的家庭妇女,但每每打起来,总能将拳师打得抱头鼠窜。

有人问拳帅:"您的功夫都到哪儿去了?"

拳师恨恨地道:"这个死婆娘,每次与我打架,总不按路数进招,害得我的拳法都没有用场!"

拳师精通拳术，战无不胜，可碰到不按套路进攻的老婆时，却一筹莫展。

熟读拳法是好事，但拳法是死的，如果盲目运用书本知识，一切从书本出发，以书本为纲，脱离实际，这种由书本知识形成的思维定式反而使拳师遭到失败。

"知识就是力量"，但如果是死读书，只限于从教科书的观点和立场出发去观察问题，不仅不能给人以力量，反而会抹杀我们的创新能力。所以学习知识的同时，应保持思想的灵活性，注重学习基本原理而不是死记一些规则，这样知识才会有用。

二、突破经验定式

怎样才能突破经验定式呢？要有"初生牛犊不怕虎"的精神。初生的牛犊之所以不怕虎，是因为不知老虎为何物，在它脑中没有"老虎会吃人"的经验定式。因此见了老虎，敢于本能地用牛角去顶，而这时，带上"牛见了我会逃跑"思维定式的老虎，反倒不知所措，于是落荒而逃。

在科学史上有着重大突破的人，几乎都不是当时的名家，而是学问不多，经验不足的年轻人，因为他们的大脑拥有无限的想象力和创造力，什么都敢想，什么都敢做。

三、突破视角定式

法国著名歌唱家玛迪梅普莱有一个美丽的私人林园，每到周末总会有人到她的林园摘花、拾蘑菇、野营、野餐，弄得林园一片狼藉，肮脏不堪，管家让人围上篱笆，竖上"私人园林禁止入内"的木牌，均无济于事。玛迪梅普莱得知后，在路口立了一些大牌子，上面醒目写道:"请注意!如果在林中被毒蛇咬伤,最近的医院距此 15 千米,驾车约半小时即可到达。"从此,再也没有人闯入她的林园。

这就是变换视角,变堵塞为疏导,果然轻而易举地达到目的。

四、突破方向定式

英国讽刺戏剧作家萧伯纳很瘦,一次他参加一个宴会,一位大腹便便的资本家挖苦他:"萧伯纳先生,一见到您,我就知道世界上正在闹饥荒!"萧伯纳不仅不生气,反而笑着说:"哦,先生,我一见到你,就知道闹饥荒的原因了。"

"司马光砸缸"的故事也说明了同样的道理。常规的救人方法是从水缸上将人拉出,即让人离开水。而司马光急中生智,用石砸缸,使水流出缸中,即水离开人,这就是逆向思维。

逆向思维就是将自然现象、物理变化、化学变化等进行反向思考,如此往往能出现创新。

五、突破维度定式

在一块土地上种四棵树,怎样使它们之间的距离都相等?答案是将其中一棵树种在山顶上。找不到答案的原因是习惯于平面思维,没有建立立体的空间思维习惯,而现代化大都市的交通都是立体思维的产物。

认识对象,研究问题要从多角度、多方位、多层次、多学科、多手段去考虑。而不只限于一个方面,一个答案。只有不断突破思维定式、超越自我,人生才会更精彩。

有一只螃蟹住在小河边,没事的时候老喜欢在洞门口看天。最近几天经常下雨,每天雨后,螃蟹出来的时候总能看见天边有一道

彩虹。第一次看到彩虹的时候，螃蟹非常惊奇，它觉得太美丽了。第二次看到彩虹的时候，螃蟹很想拥有一条彩虹。渐渐地看多了，螃蟹就认为是它对彩虹的喜欢感动了上天，所以，每天彩虹都出来陪它。

螃蟹把自己得意的想法告诉了小虾，小虾可不太相信螃蟹的说法，因为小虾从来没见过彩虹。螃蟹见小虾不相信，就叫小虾一起去看彩虹，为了表示自己的说法正确，螃蟹还特别请了鱼儿作证，最后螃蟹决定找个天气好的日子和小虾一起去见证彩虹。

这天风和日丽，螃蟹带着鱼和小虾一起在洞口等待彩虹的出现，可眼看太阳都要落山了，彩虹却一直未露脸，焦急的小虾有些等不及了，可螃蟹却安慰道："我以前天天看到，你放心吧，一定会出现的，今天可能时间还没到！"

可直到最后，彩虹仍然没有出现，大家只好失望而归。

彩虹总是出现在风雨后，螃蟹似乎并不明白这个道理，总觉得彩虹会一直出现在天边。生活中，经常有人和螃蟹一样，并不知道事情的由来，就得出结论，而且往往很有信心地坚持自己的看法，这样的定式思维常常会带来一些问题。职场中必须学会随时变化个人视觉以取得真正的认可。

拓宽思路才能有新点子

我们常说"机遇只偏爱有准备的头脑"，何谓有准备呢？

过去，"有准备"指的是知识储备，但在以创新制胜的今天，光有知识储备是远远不够的，还需要创新思维与创新能力。运用创新思维产生了好的创意，就能够比别人更好地把握住机会，甚至可以创造机会，走向成功。

所谓创意，就是拓宽思路，不断创造新点子，想人之所未想，为人之所不能为，从而以新、以奇取胜，用常规思维逻辑之外的想法赢得成功和收获！

下面这个故事的主人翁就是利用独特的创意在竞争中赢得机会的。

有家大型广告公司招聘高级广告设计师，面试的题目是要求每个应聘者在一张白纸上设计出一个自己认为是最好的方案，没有主题和内容的限制，然后把自己的方案扔到窗外。谁的方案最先设计完成，并且第一个被路人捡起来看，谁就会被录用。

设计师们开始了忙碌的工作，他们绞尽脑汁地描绘着精美的图案，甚至有的人费尽心思画出诱人的美女。

就在其他人正手忙脚乱的时候，只有一个设计师非常迅速、非常从容地把自己的方案扔到了窗外，并引起路人的哄抢。

他的方案是什么呢？原来，他只是在那张白纸上贴上了一张面值100美元的钞票，其他的什么也没画。就在其他人还冥思苦想的时候，他就已经稳坐钓鱼台了。

彼得也是靠自己的创意得到加薪的机会的。

彼得和查理一起进入一家快餐店，当上了服务员。他俩的年龄一般大，也拿着同样的薪水，可是工作时间不长，彼得就得到老板的嘉奖，很快加了薪，而查理仍然在原地踏步。面对查理和周围人的牢骚与不解，老板让他们站在一旁，看看彼得是如何完成服务工作的。

在冷饮柜台前，顾客走过来要一杯麦乳混合饮料。

彼得微笑着对顾客说："先生，您愿意在饮料中加入一个还是两

个鸡蛋呢？"

顾客说："哦，一个就够了。"

这样快餐店就多卖出一个鸡蛋，在麦乳饮料中加一个鸡蛋通常是要额外收钱的。

看完彼得的工作后，经理说道："据我观察，我们大多数服务员是这样提问的：'先生，您愿意在您的饮料中加一个鸡蛋吗？'而这时顾客的回答通常是：'哦，不，谢谢。'对于一个能够在工作中积极主动地发现问题、带着创意工作的员工，我没有理由不给他加薪。"

运用创新思维，可以克服工作中的困难，提升工作效率，为企业实现最大化的经济效益；同时，也为自己提供了更为广阔的发展空间，为实现自己的人生规划扣上了重要的一环。

世界很多知名企业都很尊重与欣赏员工的创意，并且设置了价值丰厚的奖励，3M公司就是其中一家。3M公司鼓励每一个员工都要具备这样一些品质：坚持不懈、从失败中学习、好奇心、耐心、个人主观能动性、合作小组、发挥好主意的威力等。

美国著名的企业家哈默说："天下没有坏买卖，只有蹩脚的买卖人。"在工作中能够创造多少价值，就看能够融入多少智慧。在工作中加入创新思维，也许可以产生意想不到的价值。

创新思维就是有这样非凡的作用与威力，创新思维的巧妙运用可以产生绝妙的创意。许多企业就是凭一个好的创意发达的，许多人就是靠奇妙的创意致富的。好的创意不仅能创造财富，更是财富的化身。也有人专门靠创意来赚钱，这就是大家耳熟能详的"点子公司"或"咨询公司"。

曾经有一位专家设计过这样一个游戏：

十几个学员平均分为两队，要把放在地上的两串钥匙捡起来，从队首传到队尾。规则是必须按照顺序，并使钥匙接触到每个人的手。

比赛开始并计时。两队的第一反应都是按专家做过的示范：捡起一串，传递完毕，再传另一串，结果都用了15秒左右。

专家提示道："再想想，时间还可以再缩短。"

其中一队似乎"悟"到了，把两串钥匙拴在一起同时传，这次只用了5秒。

专家说："时间还可以再减半，你们再好好想想！"

"怎么可能？"学员们面面相觑，左右四顾，不太相信。

这时，场外突然有一个声音提醒道："只是要求按顺序从手上经过，不一定非得传啊！"

另一队恍然大悟，他们完全抛开了传递方式，每个人都伸出一只手扣成圆桶状，摞在一起，形成一个通道，让钥匙像自由落体一样从上落下来，既按照了顺序，同时也接触了每个人的手，所花的时间仅仅是0.5秒！

美国一心理学家通过研究发现，人们的心理活动常常会受到一种所谓"心理固着效果"的束缚，即我们的头脑在筛选信息、分析问题、作出决策的时候，总是自觉或不自觉地沿着以前所熟悉的方向和路径进行思考，而不善于另辟新路。

这种熟悉的方向和路径就是"思维的定式"。人一旦陷入思维的定式，他的潜能便被抹杀了，离创新之路也就越来越远了。下面这个小实验也许可以说明这一点。

有一只长方形的容器，里面装了5千克的水。如何想个最简单的办法，让容器里的水去掉一半，使之剩下2.5千克。

有人说，把水冻成冰，切去一半；还有人说，用另一容器量出一半。但是最简便的方法，是把容器倾斜成一定的角度。相当于将一

新：创新思维，突破定式

块长方形木块,从对角线锯成两块。如果是固体,人们很自然会从这方面去想;如果是液体,就要靠思维去分析。

这个例子说明,看问题既要看到事物的这一面,又要想到事物的另一面;平面可以看成立体,液体可以想象成固体,反之亦然。它属于平面几何学的范畴。平面几何学成功地把三维中的一些问题抽象成了二维,使许多问题得以简化;而在生活中,应避免将三维简化为二维的思维定式。

在荒无人烟的河边停着一只小船,这只小船只能容纳一个人。有两个人同时来到河边,两个人都乘这只船过了河。请问,他们是怎样过河的?很简单,两人是分别处在河的两岸,先是一个渡过河来,然后另一个渡过去。

对于这道题,有些人大概"绞尽了脑汁"。的确,小船只能坐一人,如果他们是处在同一河岸,对面又没有人,他们无论如何也不能都渡过去。当然,你可能也设想了许多方法,如一个人先过去,然后再用什么方法让小船空着回来等。但你为什么始终要想到这两个人是在同一个岸边呢?题目本身并没有这样的意思呀!看来,你还是从习惯出发,从而形成了"思维栓塞"。

先前形成的经验、习惯、知识等都会使人们形成认知的固定倾向,影响后来的分析、判断,形成"思维栓塞"——即思维总是摆脱不了已有"框框"的束缚,从而表现出消极的思维定式。

对于创新思维的培养来说,思维的定式是比较可怕的,创新思维的缺乏也往往是由于自我设限造成的,随着时间的推移,我们所看到的、听到的、感受到的、亲身经历的各种现象和事件,一个个都进入我们的头脑中而构成了思维模式。这种模式一方面指引我们快速而有效地应对处理日常生活中的各种小问题,然而另一方面,它却无法摆脱时间和空间所造成的局限性，让人难以走出那无形的边框，而始终在这个模式的范围内打转转。

要想培养创新思维，必须打破这种"心理固着效果"，勇敢地冲破传统的看事物、想问题的模式，拓宽思路，从全新的思路来考察和分析面对的问题，进而才有可能产生大的突破。

创新思维会陪伴人的一生，随时都会有很多好的创意产生，关键是要认识到它的价值，抓住机会，让创意付诸实践，成为财富增长的源泉。不要放弃任何一个好的创意，好的创意就是取得财富的机会。如果你具有这种能力，就应该把握生活与工作的最佳时机，用创新思维、用创意，为自己开辟一片崭新的天地。

提取和甄别信息的方法

人类社会赖以生存、发展的三大基础，是物质、能量和信息。世界是由物质组成的，能量是一切物质运动的动力，信息是人类了解自然及人类社会的凭据。信息，就是人类的一切生存活动和自然存在所传达出来的信息和消息。信息的积累和传播，是人类文明进步的基础。人类所有的知识、所有的故事都是信息。

信息的提取和甄别，是当今社会的一个关键的问题。在商海中搏击，更要学会信息的收集与甄别，掌握各方面的知识。当面临抉择的最后时刻，与其如赌徒般仅靠瞬息间的意念作出轻率的判断，倒不如及早掌握信息，以资料为依据，发挥正确的推理判断能力。

亚默尔肉类加工公司的老板菲利普·亚默尔有每天看报纸的习惯，虽然生意繁忙，但他每天早上到了办公室，就会看秘书给他送来的当天的各种报刊。

初春的一个上午,他和往常一样坐在办公室里看报纸,一条不显眼的不过百字的消息引起了他的注意:墨西哥疑有瘟疫。

亚默尔的头脑中立刻展开了独特的推理:如果瘟疫出现在墨西哥,就会很快传到加州、得州,而美国肉类的主要供应基地是加州和得州,一旦这里发生瘟疫,全国的肉类供应就会立即紧张起来,肉价肯定也会飞涨。

他马上让人去墨西哥进行实地调查。几天后,调查人员回电报,证实了这一消息的准确性。

亚默尔放下电报,马上着手筹措资金大量收购加州和得州的生猪和肉牛,运到离加州和得州较远的东部饲养。两三个星期后,西部的几个州就出现了瘟疫。联邦政府立即下令严禁从这几个州外运食品。北美市场一下子肉类奇缺、价格暴涨。

亚默尔认为时机已经成熟,马上将囤积在东部的生猪和肉牛高价出售。仅仅三个月时间,他就获得了900万美元的利润。

亚墨尔重视信息,而且,善于运用逻辑思维对接收到的信息进行提取和甄别。当他收到一则信息后,总会在头脑中进行一番推理,来判断该信息的真伪或根据该信息推导出更多的未知信息,从而先人一步,争取主动。

伯纳德·巴鲁克是美国著名的实业家、政治家,在30岁出头的时候就成了百万富翁。

在刚刚创业的时候,巴鲁克也是非常艰难的。但就是他所具有的那种对信息的敏感,加之合理的推理,使他一夜之间发了大财。

1898年7月的一天晚上,28岁的巴鲁克正和父母一起待在家里。忽然,广播里传来消息,美国海军在圣地亚哥消灭了西班牙舰队。

这一消息对常人来说只不过是一则普通的新闻,但巴鲁克却通过逻辑分析从中看到了商机。

美国海军消灭了西班牙舰队，这意味着美西战争即将结束，社会形势趋于稳定，那么，在商业领域的反映就是物价上扬。

这天正好是星期天，用不了多久便是星期一了。按照通常的惯例，美国的证券交易所在星期一都是关门的，但伦敦的交易所则照常营业。如果巴鲁克能赶在黎明前到达自己的办公室，那么就能发一笔大财。

那个时代，小汽车还没有问世，火车在夜间又停止运行，在常人看来，这已经是无计可施了，而巴鲁克却想出了一个绝妙的主意：他赶到火车站，租了一列专车。上天不负有心人，巴鲁克终于在黎明前赶到了自己的办公室，在其他投资者尚未"醒"来之前，他就做成了几笔大交易。他成功了！

信息是系统的组成部分，是物质和能量的形态、结构、属性、含义的表征，是人类认识客观的纽带。我们通过信息认识物质、认识能量、认识系统、认识周围世界。信息是这个时代的决定性力量，面对纷繁复杂的信息，加以有效提取和甄别，经过逻辑思维的加工，挖掘出信息背后的信息，这样，才能及时地抓住机遇，抓住财富。

用逆向思考解决疑难问题

美国的阿拉斯加有一种珍稀的鹿，政府专门设立了一个自然保护区，对它们精心看护照管。

开始时，管理人员为了不使鹿群受到伤害，便将狼、豹等动物驱逐"出境"。鹿群生活在没有任何危险的"安乐窝"之中。

渐渐的，管理人员发现，这些鹿的活动量在逐渐减少，体质也

变得越来越差，许多鹿因为抵抗力弱而死亡。

怎样才能使鹿群恢复原来的生机呢？管理人员决定，从外地"引进"几匹鹿的天敌——狼。

狼引进来之后，鹿为了生存，整天来回奔跑。结果，没过多长时间，这些鹿的体质和生命力都大为增强。

这就是逆向思考的方法。狼本来是鹿的天敌，但天敌的引进，却锻炼了鹿的身体。一个疑难问题，就这样简单地解决了。

为什么逆向思考能寻求到解决疑难问题的办法呢？应用它的本质是什么呢？

人们在思考问题时，一般都是顺着想，也就是按照大家都认同的常情、常理、常规的正向思考路径去思考；或者遵循事物的某种客观顺序去想，比如从前到后，从上到下，从近到远，等等。既然是大家都认同的常理，所以遇到某一问题时，大家都会顺着这样的思路想。

这样思考问题有时能找到解决问题的方法，并收到令人满意的效果。但是，在实践中，也有很多问题，对这些问题要是利用正向思考的路径去寻找解决的方法，却难以找到正确的答案，或会失之偏颇。

如果我们不满足于只是重复别人的思路，不满足于停留在别人的水平上，而要有所突破，有所创造，有所发展，我们就应该跳出常规，打破常理，运用非常规的思路去思考，走别人没有走过的路。这样想出来的办法，就可能是有新意的办法，是能解决问题的方法。

逆向思考作为一种思维方法，对提升个人执行力，开创新的工作局面，具有非常重要的应用价值。其常见方式如下：

一、空间逆向

空间作为物质存在的一种客观形式，由长度、宽度和高度表现出来。因此，空间逆向的相互转化形式主要表现为：长、短，宽、窄，高、低，出、入，进、退，上、下，前、后，等等。

司马光7岁的时候就稳重得像一个大人，听到老师讲解《左氏春秋》，非常喜爱，放学之后又为家人讲他所学到的，更进一步明白了《左氏春秋》的内涵。从此，他手里放不下书本，甚至到了废寝忘食的程度。

有一次，司马光跟小伙伴们在后院里玩耍。有个小孩爬到大缸上玩，失足掉到缸里的水中。别的孩子们一见出了事，赶紧跑出去找大人救人。司马光却急中生智，从地上捡起一块大石头，使劲向水缸击去，水涌出来，小孩也得救了。

"司马光砸缸"实质上就是一个空间逆向思维法的例子。由于司马光不能通过爬进缸中救人的手段解决问题，因而他就转换为破缸救人的手段，顺利地解决了问题。

二、属性逆向

属性，是客观事物所具有的性质、特点。事物的属性是多向度的，一件事情可以从不同的角度去理解，去思考。

概括说来，属性逆向的相互转化形式主要表现为：好、坏，大、小，强、弱，冷、热，快、慢，增、减，优点、缺点，等等。

古时候，有这样一个故事：一个老汉丢了一匹马。过了几天，这匹马又带回一匹母马。村里人都说他真幸运。但老汉却说："很难说，是福还是祸。"

没几天,他儿子骑着那匹母马摔断了腿。村里人见此情形都说他真不幸。而老汉则说:"很难说,是祸还是福。"

第二年春天,发生了战乱,村里许多跟老汉儿子年龄相仿的年轻人都被抓了壮丁,上了战场,当了炮灰,而老汉的儿子却因为这条瘸腿,躲过了这次劫难,一直在村里给他养老送终。

这位老汉就是一个善于逆向思考的人。事实上,凡事都有正反两面,好坏相伴,祸福相依。

三、因果逆向

所谓因果逆向思考,就是从已有的事物的因果关系中,倒因为果,或反果为因,去发现新的现象和规律,从而求得问题的解决之道,将工作任务落实到位。

人类天花疫苗的产生,就是"倒因为果"逆向思考的典型案例。

天花曾是危害人类生命的主要杀手,患病者大多性命难保。即使是侥幸生存下来,也会留下许多后遗症。

16世纪下半叶,我们聪明智慧的祖先,终于用"倒因为果"的逆向思考,发明了预防这种可怕传染病的方法,这就是"人痘接种法"。所谓人痘接种法,就是给健康的人接种上一点天花的病毒,让他感染上天花病毒,从而增强抵抗力。

当年,一种高产量的土豆传到法国时,法国农民并不感兴趣。为了提倡种植这种优质土豆,法国政府花了大气力搞宣传,但效果甚微,优良土豆被冷落。

后来,有人出了一个"怪招"。不多久,人们突然发现,在各地种植土豆的试验田边,都有全副武装的哨兵日夜把守。

一块庄稼地怎么会有哨兵把守呢? 周围的农民觉得奇怪,他们判断道：这里种植的东西一定非常金贵。

于是，他们经常趁着士兵"疏忽"时溜进试验田，去偷土豆，然后小心翼翼地把偷来的土豆拿回去种在自家的地里，用心侍弄。

一个季节下来，这种土豆的优点广为人知。新土豆就这样被推广到法国各地，成为最受法国农民欢迎的农作物之一。

这实质上都是"倒因为果"的逆向思考的结果。

用发散思维另辟蹊径

在19世纪中叶的美国，曾经发生过这样一个故事：当时，传说在美国的加利福尼亚州有个山谷发现了一座金矿。一时间，数十万淘金者蜂拥而至。他们疯狂地挖掘，幻想着一举能挖出个大金块，圆自己发财的梦。

就在许多人对"金矿"趋之若鹜时，有个名叫亚墨尔的农夫，却在做另外的一件事。他在别人拼命地挖金矿时，自己在悄悄地挖河。终于，一条小小的引水渠挖好了。这条引水渠直通工地。

亚墨尔将引来的水过滤，制成了一桶桶洁净的饮用水，卖给那些淘金的人。

淘金的人来了一拨又一拨。大家都是乘兴而来，败兴而去，谁也没挖到金子。但亚墨尔却跷着二郎腿，坐在水渠边，挖到了大"金块"。他靠着卖那一桶桶的饮用水，赚了上万美金。

别人挖金矿，亚墨尔挖水渠。而且亚墨尔挖水渠还赚了上万美金，别人挖金矿却分文未得。这就是另辟蹊径。

另辟蹊径，就是在已有的道路面前，另外开辟一条道路。也就

是说，在落实工作任务的过程中，遇到难以解决的问题，要善于打破常规的路径，去另外寻找一个解决问题的新途径和新方法。怎样才能另辟蹊径呢？

一、摆脱路径依赖

所谓"路径依赖"，是指人们一旦选择并进入了某一路径，就会像火车开动一样，惯性的力量就会驱使他们对这一路径产生依赖。

从某种意义上讲，人们的一切选择都会受到路径依赖的影响。人们过去做出的选择，决定了他们现在的选择；人们现在做出的选择，决定了他们未来的选择。

著名的"马屁股规则"，就为上述的观点做了非常形象的注解：

在美国犹他州的航天飞机推进器生产厂里，员工们都知道，每个推进器的直径宽度不得大于4.85英尺。

为什么推进器的直径宽度不得大于4.85英尺呢？这是马屁股的宽度所决定的。

马屁股的宽度怎么能决定高、精、专的航天飞机推进器的直径宽度呢？

原来美国铁路两条铁轨之间的标准距离是4.85英尺，而在运送推进器时，火车可能要经过许多的隧道，但那些隧道的宽度仅比路轨宽一点点，超过4.85英尺，火车就可能无法运送推进器。

为什么美国铁轨间的标准距离是4.85英尺呢？因为美国最早的铁路是由英国人设计的。

那么，英国设计师为什么选用4.85英尺作为两条铁轨之间的标准距离呢？因为这是英国电车轨道的标准距离；但电车车轨的标准距离又是依据什么确定的呢？答案是依据马车的轮距来确定的，因为最早设计轨道的设计师是造马车的。那么英国马车的轮距为什么是 4.85 英尺？因为超过 4.85 英尺，马车将无法在英国的老路上行驶，老路上的辙迹宽度是罗马人定的，因为罗马人战车的宽度是 4.85 英尺。但罗马人为什么将战车的宽度定为 4.85 英尺呢？答案让人哑然失笑，因为这是拉战车的两匹并排战马合起来的马屁股宽度。

从航天飞机推进器，到两匹马的马屁股，这本是风马牛不相及的事情。但路径依赖，却一步一步使马屁股的宽度决定了航天飞机推进器的直径的宽度。

人们在社会中生活，都会在不知不觉中形成路径依赖。这种路径依赖一旦具有，"罗马人马屁股的宽度就将决定着航天飞机推进器的直径宽度"，最终使自己画地为牢。

我们在落实工作任务的过程中，要想另辟蹊径，首先就得摆脱路径依赖，从惯性思维中抽身而出。否则，我们的前进轨道可能就只有 4.85 英尺宽。

二、学会以点带面

擅长发散思维的人往往会撇开众人常用的思路，尝试多种角度的考虑方式，从他人意想不到的"点"去寻找问题的新解法。所以，在进行发散性的思维训练时，其首要因素便是要找到事物的这个"点"进行扩散。

下面这个故事就是一个巧用特殊"点"的例子。

华若德克是美国实业界的大人物。在他未成名之前，有一次，他带领属下参加在休斯敦举行的美国商品展销会。令他十分懊丧的

是,他被分配到一个极为偏僻的角落,而这个角落是绝少有人光顾的。

为他设计摊位布置的装饰工程师劝他干脆放弃这个摊位,因为在这种恶劣的地理条件下,想要成功展览几乎是不可能的。

华若德克沉思良久,觉得自己若放弃这一机会实在是太可惜了。可不可以将这个不好的地理位置通过某种方式化解,使之变成整个展销会的焦点呢?

他想到了自己创业的艰辛,想到了自己受到的展销大会组委会的排斥和冷眼,想到了摊位的偏僻,他的心里突然涌现出偏远非洲的景象,觉得自己就像非洲人一样受着不应有的歧视。他走到了自己的摊位前,心中充满感慨,灵机一动:既然你们都把我看成非洲难民,那我就扮演一回非洲难民给你们看!于是一个计划应运而生。

华若德克让设计师为他营造了一个古阿拉伯宫殿式的氛围,围绕着摊位布满了具有浓郁非洲风情的装饰物,把摊位前的那一条荒凉的大路变成了黄澄澄的沙漠。他安排雇来的人穿上非洲人的服装,并且特地雇用动物园的双峰骆驼来运输货物,此外他还派人定做了大批气球,准备在展销会上用。

展销会开幕那天,华若德克挥了挥手,顿时展览厅里升起无数的彩色气球,气球升空不久自行爆炸,落下无数的胶片,上面写着:"当你拾起这小小的胶片时,亲爱的女士和先生,你的好运就开始了,我们衷心祝贺你。请到华若德克的摊位,接受来自遥远非洲的礼物。"

这无数的碎片洒落在热闹的人群中,于是一传十,十传百,消息越传越广,人们纷纷集聚到这个本来无人问津的摊位前。强烈的人气给华若德克带来了非常可观的生意和潜在商机，而那些黄金地段的摊位反而遭到了人们的冷落。

华若德克为自己找到了一个特殊的"点"，那就是将自己的特殊位置加以利用，赋予新的定位与含义，起到吸引顾客的目的。

发散思维是有独创性的，它表现在思维发生时的某些独到见解与方法，也就是说，对刺激作出非同寻常的反应，具有标新立异的成分。

比如设计鞋子，常规的设计思路是从鞋子的款式、用料着手，进行各种变化，但万变不离其宗。运用发散思维，则可以从鞋子的功能这一特殊的"点"入手。那么鞋有哪些功能呢？

鞋可以"吃"。当然不是用嘴吃，而是用脚吃。即可以在鞋内加入药物，治疗各种疾病。按此思路下去，可开发出多种预防、治疗疾病的鞋子。

鞋还可以"说话"。设计一种走路的时候会响起音乐的鞋子一定会受到小孩子的欢迎。

鞋可以"扫地"。设计一种带静电的鞋子，在家里走路的时候，可以把尘土吸到鞋底上，使房间在不经意间变干净。

鞋还可以"指示方向"。在鞋子中安装指南针，调到所选择的方向，当方向发生偏离时，便会发出警报，这对野外考察探险的人来说，是很有用处的。

这就是通过鞋子的功能这个"点"挖掘出来的潜在创意。生活中，我们需要细心地观察，找出这个特殊的"点"，由此展开，便可以收到意想不到的效果。

美国推销奇才吉诺·鲍洛奇的一段经历向我们证明了这一理念。

一次,一家贮藏水果的冷冻厂起火,等到人们把大火扑灭,才发现有18箱香蕉被火烤得有点发黄,皮上还沾满了小黑点。水果店老板便把香蕉交到鲍洛奇的手中,让他降价出售。那时,鲍洛奇的水果摊设在杜鲁茨城最繁华的街道上。

一开始,无论鲍洛奇怎样解释,都没人理会这些"丑陋的家伙"。无奈之下,鲍洛奇认真仔细地检查那些变色香蕉,发现它们不但一点没有变质,而且由于烟熏火烤,吃起来反而别有风味。

第二天,鲍洛奇一大早便开始叫卖:"最新进口的阿根廷香蕉,南美风味,全城独此一家,大家快来买呀!"当摊前围拢的一大堆人都举棋不定时,鲍洛奇注意到一位年轻的小姐有点心动了。他立刻殷勤地将一只剥了皮的香蕉送到她手上,说:"小姐,请你尝尝,我敢保证,你从来没有尝过这样美味的香蕉。"年轻的小姐一尝,香蕉的风味果然独特,价钱也不贵,而且鲍洛奇还一边卖一边不停地说:"只有这几箱了。"于是,人们纷纷购买,18箱香蕉很快销售一空。

从上述案例中我们可以看出,发散思维有着巨大的潜在能量,它通过搜索所有的可能性,激发出一个全新的创意。这个创意重在突破常规,它不怕奇思妙想,也不怕荒诞不经。沿着可能存在的点尽量向外延伸,或许,一些由常规思路出发根本办不成的事,其前景便很有可能柳暗花明、豁然开朗。所以,在你平日的生活中,多多发挥思维的能动性,让它带着你在思维的广阔天地任意驰骋,或许你会看到平日见不到的美妙风景。

三、培养发散思维

发散思维是从一个目标出发,沿着各种不同的路径去思考,探求多种答案的思维方式。其思维活动的轨迹,就像草地里的旋转喷头一样,朝不同的方向做立体式的发散思考。这种思维方式对我们另辟蹊径去寻求解决问题之道具有非常重要的价值。

发散思维鼓励人们对同一个问题,做不同方向、不同侧面、不同层次的思考。它的实现形式主要有这样几种:一是功能发散,即从某一事物的功能出发,设想实现该功能的途径。二是属性发散,即从某一事物的属性出发,设想它的各种用途。三是因果发散,即以某个事物发展的结果为发散点,推测出造成该结果的各种原因,或者由原因推测出可能产生的各种结果。四是横向发散。世界上的任何事物、任何现象都不是孤立存在的,它必然要周围的事物有着千丝万缕的联系。不仅如此,事物自身所构成的各要素间,也是相互联系的。横向拓展发散思维,正是立足于事物的关联性而开展的思维活动。

为了说明发散思维,我们来看下面的故事:

在第二次世界大战期间的奥斯维辛集中营,有一位犹太人对他的儿子说:"我们现在唯一的财富就是智慧,该是用它的时候了。当别人说一加一等于二时,你应该想到一加一要大于二。"

在这个集中营,这对父子奇迹般地活了下来。

1946 年,他们来到了美国,在休斯敦做铜器生意。父亲问儿子:"一磅铜的价格是多少?"儿子说:"是 35 美分。""对,整个得克萨斯州每磅铜都是 35 美分的价格,但是你是犹太人的儿子,你应该说

是美元,你试着把铜做成门的把柄试试看。"

20年后,父亲死了,儿子独立经营铜器店。在他的铜器店,一磅铜卖到了3500美元。后来,他成了麦克尔公司的董事长。原来,他用铜做成锣鼓,用铜做成瑞士钟表上的簧片,用铜做成奥运会的奖牌。

1974年,美国政府为自由女神像翻新清理下来的200多吨废料,向全社会招标。

正在法国旅行的麦克尔公司的董事长听说了此事。他立刻飞回纽约,投标承包了这一项目。

他把废铜熔化铸成小的自由女神像,把水泥和木板做成小的自由女神像下面的底座,把废铅、废铝加工成纽约广场图案的钥匙形饰物。

最后,他甚至还把从自由女神身上扫下的灰尘都包了起来,卖给花店做肥料。他让这堆废料变成了350万美元现金。

麦克尔公司董事长就是用属性发散的方法,对这200多吨废料进行了处理,从而获得了巨大的财富。

一家公司新搬进一幢摩天大楼。进入大楼不久,他们就遇到了一道难题:由于当初楼内安装的电梯过少,员工上下班经常要等很长一段时间,为此员工们怨声载道。于是,公司老总把各部门的负责人召集到一块,请大家出谋划策,寻求解决电梯不足的问题。

经过一番热烈的讨论,大家提出了四种解决方案:一是提高电梯上下速度,或者在上下班高峰时段,让电梯只在人多的楼层停;二是各部门上下班时间错开,减少电梯的同时使用率;三是在所有的电梯门口装上镜子;四是装一部新电梯。

经过慎重考虑，该公司选择了第三种方案。该方案付诸实施后，员工们乘电梯时，再也没有了抱怨声。

心理学家分析说：第一、第二或第四种方案，其思维方式属于垂直或传统型的。第三种方案，其思维方式是水平型的，属于横向拓展思维。该公司的难题固然是由电梯不足引起，但也与员工缺乏耐心有一定关系。横向拓展思维就是利用这一点，寻求到了解决之道。因为等着乘坐电梯的人一看到镜子，免不了开始端详自己的镜中形象，或者偷偷打量别人的打扮，烦人的等待时刻就在镜子面前的顾盼之间悄悄地过去了。

大胆激发创造性联想

日本一支探险队来到南极，为了进行科学考察，他们准备在南极过冬。队员们冒着严寒建立了一个基地。为了把运输船上的汽油运到基地，他们开始铺设管道，一根一根的铁管子连接起来，形成一条输油管。由于事先考虑不周到，带去的管子都用完了，可还没有接到运输船上。他们傻眼了，在船上翻箱倒柜也没找到可以替代管子的东西。如果发电报，请求国内运来，至少需要一个多月的时间。如果不接通输油管，那么基地就没有取暖的燃料，大伙都会冻成"冰棍"。怎么办？大家你看看我，我看看你，毫无办法。

这时候，队长想出了一个奇特的好办法，很快解决了这一难题。

队长建议用冰来做管子。他们先把绷带缠在已有的铁管上，再在上面淋上水，在南极的低温下，水很快就结成冰。然后再拔出铁管，这不就成了冰管子了吗？然后把它们接起来，你想要多长就有

多长。

水是液体,冰是固体,只要温度足够低,液体水就可以轻易地变成固态冰,而固态冰就可以当做输油管道用。这样的联想不能说不奇特,但是在善于创造性地解决问题的高手那里,奇想不问对错,奇想越奇越好,越多越好,越不可思议越好。

海洋是广阔的天地,尚未充分开发,而城市人口拥挤、住房紧张,何不向海洋进军?于是引发"海底球形住宅"的奇想。

熨衣服很费时,有人发现床单洗后用稀薄浆水浸一下,晾干挺括,从中得到启示。于是奇想到有一种"免烫液",喷在衣服上,使衣服平整不用烫。

野外作业者,搞测绘或地层取样,遇到下雨天,就无法进行工作了。有人发现蜡纸是不怕水的,在蜡纸背面涂上蓝色或黑色,像复写纸,再把蜡纸紧贴在一般纸上密封,用硬笔在蜡纸上刻画,字迹便会留在纸上。于是有了"雨天书写的笔和纸"这一奇想。

用高射炮、导弹、火箭可以打飞机,还有没有更巧妙的办法?联想到鸟碰撞飞机可让飞机受损。于是奇想到:只要有鸡蛋大的颗粒碰上飞机,飞机就可能坠毁,故打飞机不用炮弹是可能的。在敌机经常活动的空域里,撒上鸡蛋大或花生米大的非金属半浮式的颗粒(半浮式指颗粒停留在空中一段时间后,才慢慢向下滑落),它不反射雷达波,敌机无法测得。飞机时速越大,碰撞的力就越大,可进入喷气发动机打坏叶片,可击穿油箱,使之失去动力,起火爆炸。

我国一位下岗工人看到大家很喜欢吃烤肉串、烤鸡翅等烧烤食品,他就想:鸡蛋的吃法,有蒸、煮、炒和炸四种,能不能创造第五种吃法——烤鸡蛋呢?经过反复实验,他终于获得了成功。烤鸡蛋风味独特，深受大众的喜爱，这位下岗工人也借此自己创业，取得了成功。

奇想不问对错，它揭示了想象、联想和幻想的一个内在规律，这就是：打破一切束缚和框框，才能大胆地想，才能思如涌泉，才能想出奇思妙计。

挖掘潜能，激发灵感

潜能就是潜在的能量，比如我们学会的技术、技能、技巧、本能，以及看过、听过的技艺、技巧等，平时不用时想不起来、体会不到，运用时显意识就会配合潜意识共同发挥出来。

对于潜能的发挥，如果单靠显意识指挥，动作就很呆板缓慢，以致错误百出。比如在走路时，用头脑去想动左脚、出右手、身体跟着向前倾，那就会很难走动，事实上，想走动，脚一抬，潜意识中手会自然配合相应的动作。

同样，潜能的发挥须在冷静的意识状态下进行，才能发挥比较好的潜能动作。比如在开车时，有显意识指挥脚踩油门，但如果情绪太紧张，导致潜意识受阻，手就会忘了转方向盘，潜能就不能发挥出来。

因此，要想有效地发挥潜能，显意识注意力不要集中在某一动作上，在这样的状态下潜意识才能自然配合发挥。

开车时，过于紧张或将心思放在气愤的事情上，或手脚在开车，心里想着烦恼的事情，就很容易出错。心情放轻松，注意力放在开车的路上，眼看前方，手握方向盘，脚踏油门，潜意识内开车的技

能自然发挥，手脚自然配合得很适当。

射击比赛时，情绪紧张，很容易失误。放松心情，镇定，眼视对方的手或身体动作潜能自然反应做出合理的动作。

打高尔夫球时，太注意挥杆的动作或太用力挥杆，反而打坏球。放轻松，注视目标再看准球，自然挥杆比较能发挥潜能。

同理，赛跑、跳远、跳高前，先深呼吸，可以静下心来，充分发挥潜能。

灵感，是人们在情绪作用过程中突然产生的各种心识顿悟现象的总称，它的产生道理犹如我们前面所述的心念产生原理。

很多时候，我们写作、策划、创造、设计、发明所需的创意、方法、思路或思索的数据一时间思索不出来，但是经过一段时间的冷静思考、快速学习以及动态分析……某一刻突然"脑电光一闪"（绝不是人们常说的那种"灵光一闪"），这些记忆的数据全都从潜意识中浮现出来，从而形成我们的灵感。

根据调查研究，人类很多伟大的发明，往往都是在心里冷静时灵机一动而得到灵感的。

白炽灯的发明。伟大的发明家爱迪生研究白炽灯经过数百次试验没有成功，思考得焦头烂额，不得其解，某天躺在床上，突然灵感一来，想起钨丝，于是马上实验，从而发明了白炽灯。

万有引力的发明。物理学家牛顿在路边休息时看到苹果从树上掉下来，产生灵感，反复推理、分析和总结出地心引力的存在。

蒸汽机的发明。瓦特在一个星期日的午后，独自在美丽的森林中散步，想起烧开水时的一幕幕情景，从而产生蒸汽机灵感。

相对论。爱因斯坦提出相对论前，一个人独自躺在空旷的原野上眺望蓝色晴空，心里渐渐浮现出相对论的伟大概念。

雷电原理。一次，富兰克林在空地上放风筝，当时天正准备下雨，他看到两朵黑色的云层相碰撞，从而产生闪电，于是深入研究，发现了雷电的原理。

阿基米德定律。据说阿基米德是在浴室洗澡时发现阿基米德定律的，当时他裸奔出来，高兴地大叫"我发现了，我发现了"。

介子理论。汤川秀树一次在睡觉时，突然产生有关介子的灵感，后来还因此获得诺贝尔奖。

伟大发明，伟大创造，很多是在百思不解时，在宁静之时突然浮现灵感心念，从而突破瓶颈。

古代大文豪欧阳修认为，在骑马时的"马背上"，蹲茅坑时的"茅坑上"，睡觉时的"床上"，是最有灵感的"三上"。

当代许多人也总结认为，在车上、床上、厕上，心里最静、灵感最好，是为现代人心静启发灵感的"三上"。

古今艺术家们为了开启心灵的情感，总是喜欢田园茂林等安静的环境，让自己的心灵宁静，这也是产生灵感的时候。

勤于学习，善于思考

未来的文盲不是不识字的人，而是没有学会怎样学习的人。学习能力在现代人人才体系的三大能力（学习能力、思维能力、创新能力）中，善于学习是最基本、最重要的第一能力。没有善于学习的能力，其他能力也就不可能存在，因此也就很难去具体执行，更何谈执行力呢？当今社会，一切均在不断的发展变化中，而且发展

变化的速度不断加快。这个社会中,唯一不变的也是变化。要想适应社会的变化,跟上社会的变化进程,武装自己头脑是我们唯一的选择,努力学习追求新知,就成为提高个人执行力的重要条件。只有在日常工作和生活中勤于学习、善于思考,才会变成一个执行力强的人。

《乐府诗集·长歌行》:"百川东到海,何时复西归。少壮不努力,老大徒伤悲。"年轻力壮的时候不奋发图强,到了一头白发,悲伤也没用了。这提醒我们应该珍惜时间,不应浪费时光。要趁年纪还轻,好好努力,不要到老一事无成,只留下悲伤。

古人云:"玉不琢,不成器;人不学,不成才。"凡是有所作为的人,都是勤于学习、善于思考的人。但是,光学习不思考也是没用的,要把学到的知识通过思考来掌握,来为自己所用。要在每一次思考中完善自己,把自己变成一个完美无缺的人。因此,不仅要把学习作为掌握知识、增强本领的重要手段,更要把学习作为一种责任、一种精神追求、一种思想境界来认识和对待。

学习是思考的基础,没有丰富的知识作基础,就谈不上思考的深度和广度。思考是学习的继续,是对实践现象进行分析、综合、比较,探索其本质和规律的重要认识环节,是学习后的觉悟的过程。

思考是提高学习效果的关键环节。有些人学习热情很高,书看了不少,可对其实质和内容仍然是一知半解,既达不到思想上的升华,也无法纠正认识上的偏差。究其原因,就是没有把握好思考这个关键环节。要慢慢思考里面的内容是什么,有什么用,为什么要这样,要让我们明白什么,然后把知识通过思考变成自己的东西。

学习是一个接受的过程,只有通过思考,才能沟通和建立各种知识之间的联系，使静止的知识变得鲜活起来，变成自己的财富。思考，是对学到知识进行归纳、提炼、消化和吸收的过程。在深入学习贯彻科学发展观中加强思考，就要深刻领会其时代背景、实践基础、科学内涵、精神实质、历史地位，并用以武装头脑、指导实践、推动工作。只有这样，学到的理论才是系统的、全面的，学习的效果才会好。

总之，只有勤于学习并且学会思考学过的东西，这样才能在每一次思考中完善自己，才能真正提高执行力。